U0163740

用刺绣线钩编可爱的珍稀动物

日本 E&G 创意 / 编著
叶宇丰 / 译

中国纺织出版社有限公司

目录

水獭 p.4

臭鼬 p.5

扫雪鼬 p.6

兔狲 p.7

非洲角鸮 p.8

印度星龟 p.9

亚洲貘 p.10

大熊猫 p.11

小熊猫 p.12

羊驼 p.13

白长臂猿 p.14

墨西哥食蚁兽 p.15

线材介绍 ❖ p.26
基础课程 ❖ p.28
重点课程 ❖ p.29
制作方法 ❖ p.32
钩针编织基础 ❖ p.60
刺绣基础 ❖ p.63

高冠变色龙 p.16

鲸头鹳 p.17

蛇鹫 p.18

霍加狓 p.19

耳廓狐 p.20

环尾狐猴 p.21

短尾矮袋鼠 p.22

树袋熊 p.23

帝企鹅 p.24

阿德利企鹅 p.25

洪堡企鹅 p.25

水獭

【鼬科】

水獭生活在河流湖泊与海岸一带。

擅长游泳，可以潜入水中捕鱼。

制作方法 ❖ p.32

设计&制作 ❖ 池上舞

臭鼬

【臭鼬科】

黑白相间的皮毛是臭鼬的特征。

遇到敌人袭击时，会从尾部喷射出浓烈气味的液体。

制作方法 ❖ p.33
重点课程 ❖ p.29
设计&制作 ❖ 大町真纪

b
a

扫雪鼬

【鼬科】

扫雪鼬生活在高山上，

夏季后背毛色为棕色，腹部为白色，

冬季除了尾端全身会变成纯白色。

制作方法❖p.34

设计&制作❖大町真纪

兔狲

【猫科】

兔狲的别名玛瑙勒（manul）源于蒙古语，意为“小野猫”。

全身毛发长而密，使它的体形看上去又圆又壮。

制作方法❖p.35

设计&制作❖大町真纪

非洲角鸮

【鸱鸮科】

非洲角鸮拥有一双鲜艳的橙色眼睛和一对大大的耳羽。

在森林中无声无息地生活着。

制作方法 ❖ p.36

设计&制作 ❖ 河合真弓

印度星龟

【陆龟科】

印度星龟的性情温和，易亲近。

因龟壳上有星形花样而得名。

制作方法 ❖ p.38

设计&制作 ❖ 河合真弓

a
b

亚洲貘

【貘科】

亚洲貘全身为黑白两色，极具特点。

幼时则是白色斑点和条纹花样。

制作方法 ❖ p.39

设计&制作 ❖ 冈鞠子

大熊猫

【熊科】

大熊猫有着黑白相间的外表。

一直保持着婴儿般的姿态是大熊猫的魅力之一。

制作方法❖p.40

设计&制作❖大町真纪

小熊猫

【小熊猫科】

小熊猫十分擅长爬树。

走动时长长的尾巴总是保持在同一水平线上。

制作方法 ❖ p.41
设计&制作 ❖ 池上舞

a
b

羊驼

【骆驼科】

羊驼生活在安第斯山脉的高山草原上。

细长而优质的羊驼毛是动物纤维中的高端品。

制作方法 ❖ p.42
重点课程 ❖ p.31
设计&制作 ❖ 池上舞

白长臂猿

【长臂猿科】

长臂猿有奶白色、棕色等各种各样的毛色。

常垂挂于树枝下，用双臂交替摆动前行。

制作方法 ❖ p.43

设计&制作 ❖ 小松崎伸子

a
b

墨西哥食蚁兽

【食蚁兽科】

墨西哥食蚁兽有着长长的舌头，以蚂蚁为食。

幼崽出生后 6 个月内都在母亲的背上度过。

制作方法 ❖ p.44

设计&制作 ❖ 冈鞠子

a
b

高冠变色龙

【避役科】

高冠变色龙，因头上高帽般的肉冠而得名。

根据情绪和感情的变化会改变身体的颜色。

制作方法 ❖ p.46

设计&制作 ❖ 松本薰

鲸头鹳

【鲸头鹳科】

鲸头鹳因长期伫立不动而出名。

头部凌乱的毛发使其显得格外可爱。

制作方法 ❖ p.47
重点课程 ❖ p.31
设计&制作 ❖ 松本薰

蛇鹫

【蛇鹫科】

蛇鹫喜好将猎物叼起，从空中高高摔下后再食用。

美貌的蛇鹫在非洲被称为“最美的猛禽”。

制作方法❖p.48

设计&制作❖松本薰

霍加狓

【长颈鹿科】

霍加狓有着与斑马相似的条纹花样，是长颈鹿的同类。

因其优雅的姿态，获得了“森林中的贵妇人”的美称。

制作方法 ❖ p.49

设计&制作 ❖ 松本薰

耳廓狐

【犬科】

耳廓狐是最小的犬科动物之一，擅长挖洞。

大大的耳朵和长长的尾巴是它的特征。

制作方法 ❖ p.50

设计&制作 ❖ 小松崎伸子

环尾狐猴

【狐猴科】

环尾狐猴多栖息于马达加斯加。

尾巴上黑与白的环状斑纹独具特色。

制作方法 ❖ p.52

设计&制作 ❖ 冈鞠子

短尾矮袋鼠

【袋鼠科】

生活在澳大利亚的短尾矮袋鼠，由于天生自带微笑的表情，被称为“世界上最快乐的动物”。

制作方法 ❖ p.53

设计&制作 ❖ 池上舞

树袋熊

【树袋熊科】

一天中的大部分时间都在树上悠闲度过的树袋熊，

是一种只吃桉树叶的珍贵原始树栖动物。

制作方法 ❖ p.54

设计&制作 ❖ 小松崎伸子

a
b

帝企鹅

【企鹅科】

帝企鹅群栖在南极大陆的冰架与海面上，

是体形最大的企鹅。

制作方法 ❖ p.55
设计&制作 ❖ 河合真弓

阿德利企鹅

【企鹅科】

白色的眼圈是阿德利企鹅的特征，

它们生活在南极大陆和周边的岛屿上。

制作方法 ❖ p.57

重点课程 ❖ p.31

设计&制作 ❖ 河合真弓

洪堡企鹅

【企鹅科】

洪堡企鹅是生活在干旱大陆上的温带企鹅，

利用短小的脚掌可以在沙漠上跋涉。

制作方法 ❖ p.58

设计&制作 ❖ 河合真弓

线材介绍

本书使用DMC刺绣线，有绚丽且丰富的颜色可供选择，帮助您做出理想的作品。

25号刺绣线

棉100%　1支/8m　500色

（图片为实物大小）

25号刺绣线

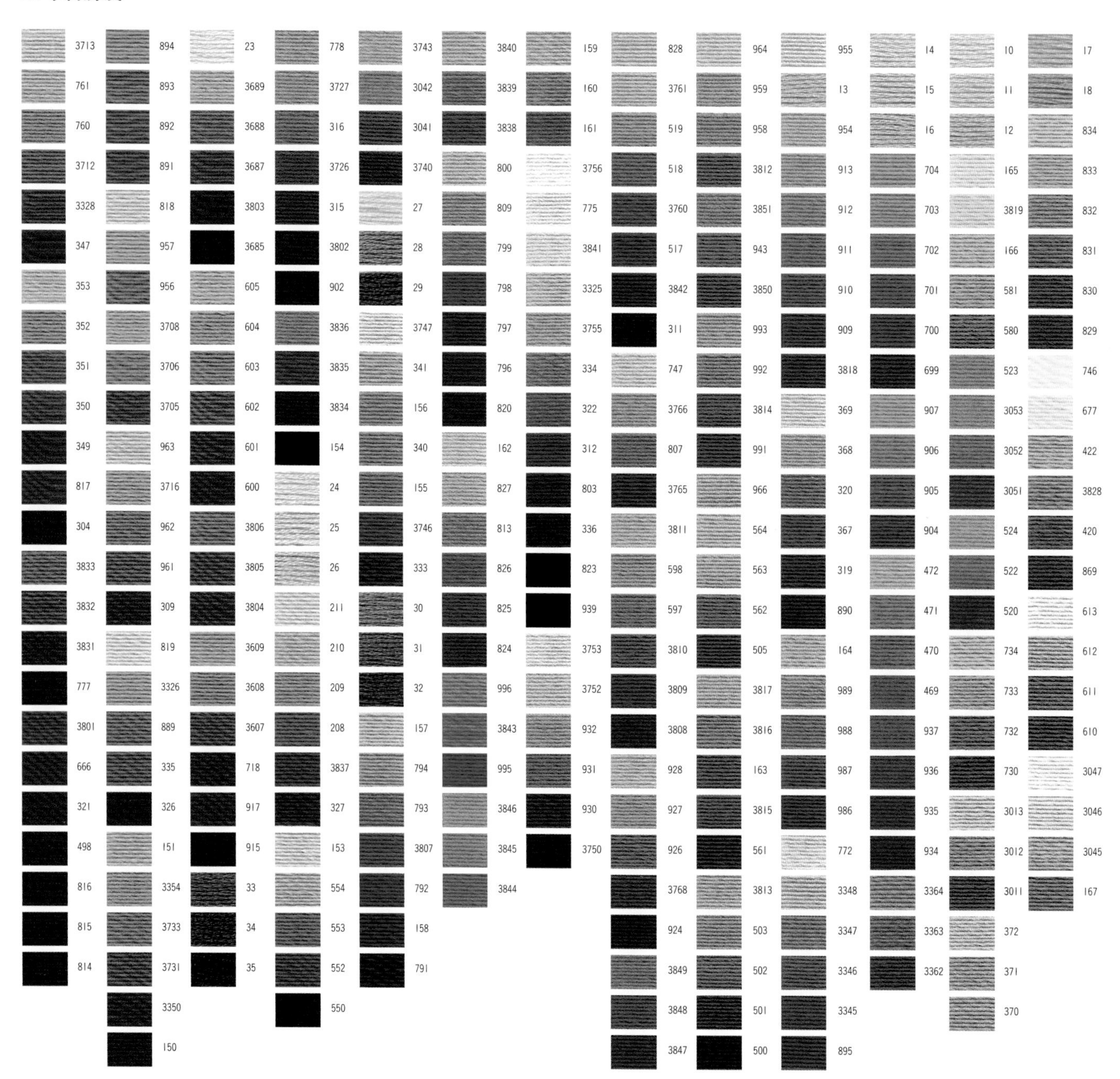

3713
761
760
3712
3328
347
353
352
351
350
349
817
304
3833
3832
3831
777
3801
666
321
498
816
815
814
894
893
892
891
818
957
956
3708
3706
3705
963
3716
962
961
309
819
3326
889
335
326
151
3354
3733
3731
3350
150
23
3689
3688
3687
3803
3685
605
604
603
602
601
600
3806
3805
3804
3609
3608
3607
718
917
915
33
34
35
778
3727
316
3726
315
3802
902
3836
3835
3834
154
24
25
26
211
210
209
208
3837
327
153
554
553
552
550
3743
3042
3041
3740
27
28
29
3747
341
156
340
155
3746
333
30
31
32
157
794
793
3807
792
158
791
3840
3839
3838
800
809
799
798
797
796
820
162
827
813
826
825
824
996
3843
995
3846
3845
3844
159
160
161
3756
775
3841
3325
3755
334
322
312
803
336
823
939
3753
3752
932
931
930
3750
828
3761
519
518
3760
517
3842
311
747
3766
807
3765
3811
598
597
3810
3809
3808
928
927
926
3768
924
3849
3848
3847
964
959
958
3812
3851
943
3850
993
992
3814
991
966
564
563
562
505
3817
3816
163
3815
561
3813
503
502
501
500
955
13
954
913
912
911
910
909
3818
369
368
320
367
319
890
164
989
988
987
986
772
3348
3347
3346
3345
895
14
15
16
704
703
702
701
700
699
907
906
905
904
472
471
470
469
937
936
935
934
3364
3363
3362
10
11
12
165
3819
166
581
580
523
3053
3052
3051
524
522
520
734
733
732
730
3013
3012
3011
372
371
370
17
18
834
833
832
831
830
829
746
677
422
3828
420
869
613
612
611
610
3047
3046
3045
167

＊各线材从左往右分别为：材质→线长→色号。
＊色号的数据截止至2020年6月。
＊由于印刷的原因，可能存在色差。

段染系列

棉100%　1支/8m　60色

（图片为实物大小）

金属光泽系列

聚酯纤维100%　1支/8m　36色

（图片为实物大小）

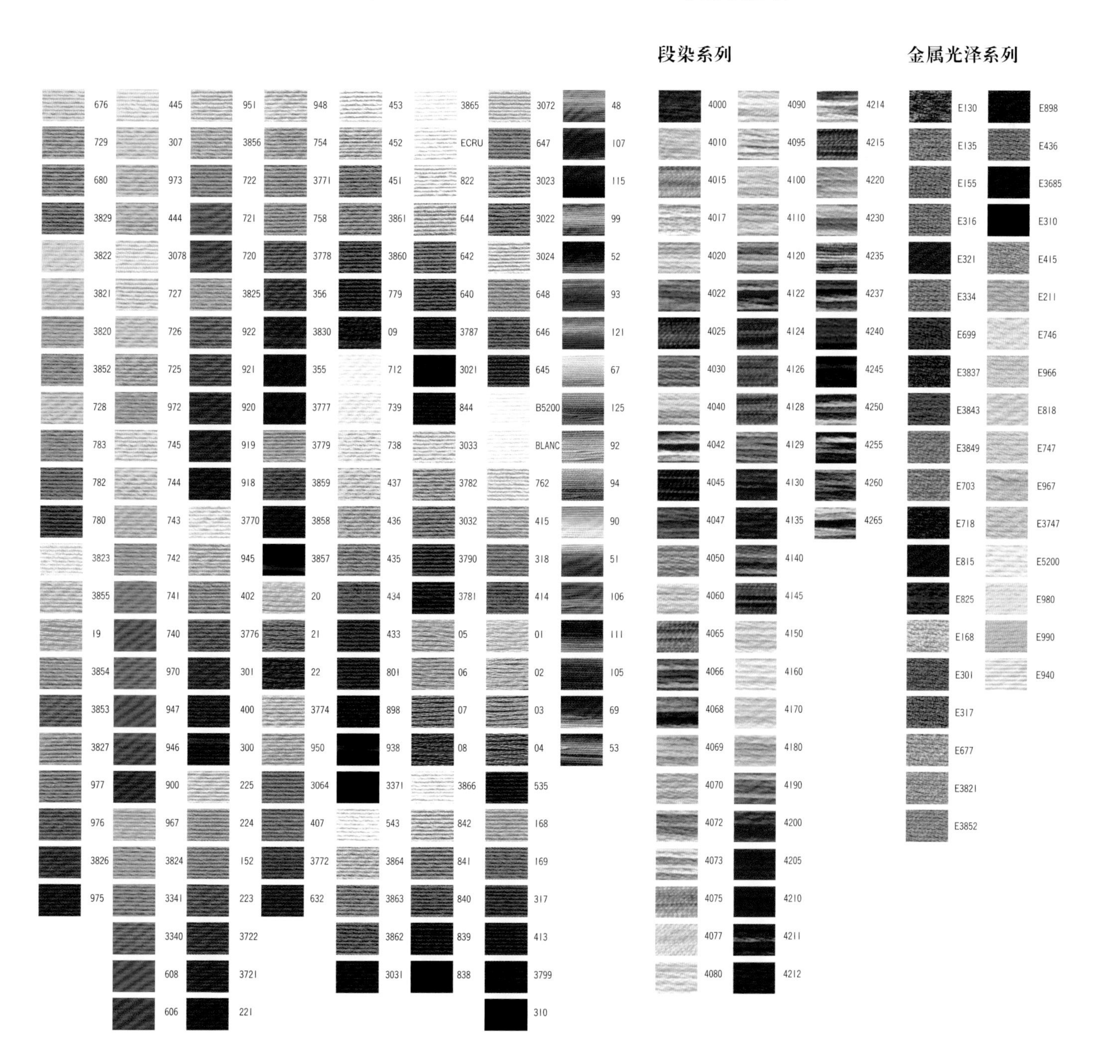
676 729 680 3829 3822 3821 3820 3852 728 783 782 780 3823 3855 19 3854 3853 3827 977 976 3826 975
445 307 973 444 3078 727 726 725 972 745 744 743 742 741 740 970 947 946 900 967 3824 3341 3340 608 606
951 3856 722 721 720 3825 922 921 920 919 918 3770 945 402 3776 301 400 300 225 224 152 223 3722 3721 221
948 754 3771 758 3778 356 3830 355 3777 3779 3859 3858 3857 20 21 22 3774 950 3064 407 3772 632
453 452 451 3861 3860 779 09 712 739 738 437 436 435 434 433 801 898 938 3371 543 3864 3863 3862 3031
3865 ECRU 822 644 642 640 3787 3021 844 3033 3782 3032 3790 3781 05 06 07 08 3866 842 841 840 839 838
3072 647 3023 3022 3024 648 646 645 B5200 BLANC 762 415 318 414 01 02 03 04 535 168 169 317 413 3799 310
48 107 115 99 52 93 121 67 125 92 94 90 51 106 111 105 69 53
段染系列
4000 4010 4015 4017 4020 4022 4025 4030 4040 4042 4045 4047 4050 4060 4065 4066 4068 4069 4070 4072 4073 4075 4077 4080
4090 4095 4100 4110 4120 4122 4124 4126 4128 4129 4130 4135 4140 4145 4150 4160 4170 4180 4190 4200 4205 4210 4211 4212
4214 4215 4220 4230 4235 4237 4240 4245 4250 4255 4260 4265
金属光泽系列
E130 E135 E155 E316 E321 E334 E699 E3837 E3843 E3849 E703 E718 E815 E825 E168 E301 E317 E677 E3821 E3852
E898 E436 E3685 E310 E415 E211 E746 E966 E818 E747 E967 E3747 E5200 E980 E990 E940

基础课程

❖ 刺绣线的处理方法

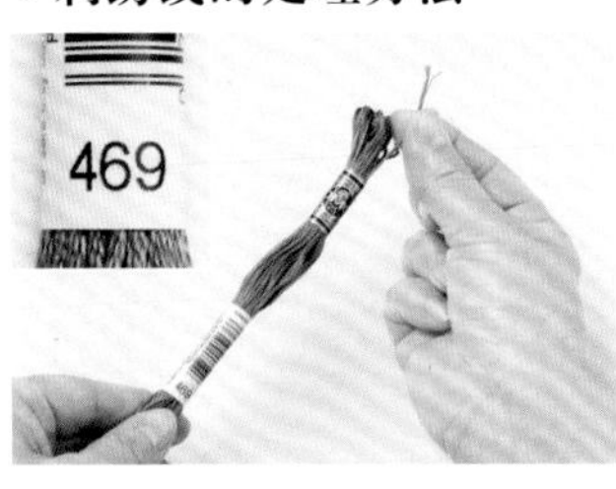
469

1　握住刺绣线的左侧，慢慢将线头顺畅地抽出。标签上标有色号，方便补线时核对，请妥善保管。

2　25 号刺绣线由 6 股线合股而成。

3　本书中的作品均直接使用 6 股线钩织。

❖ 线的分股方法

分股就是将 1 根合股线分成 2~3 股细线，常用于比较细致的操作。将线剪成 30cm 左右的长度再进行分股比较容易。

❖ 前半针与后半针的钩织方法

挑前半针钩织

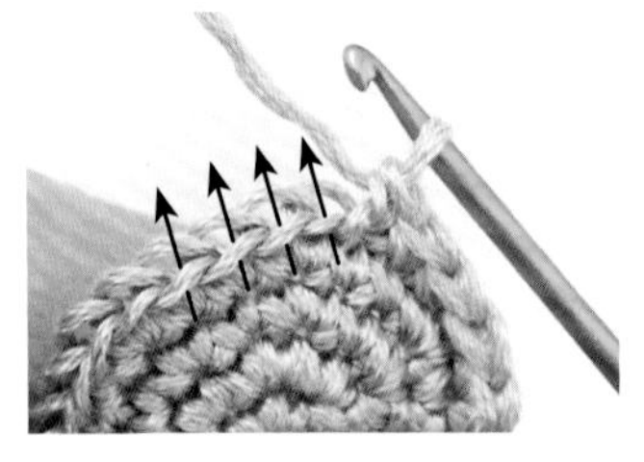

1　挑针脚顶部两根线中靠近自己的半针（前半针），按照箭头所示方向入针钩织。

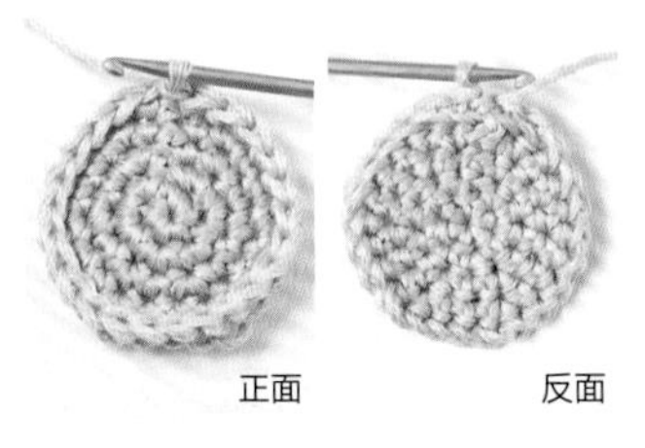
正面
反面

2　挑前半针钩织 1 圈后的状态。右图为从反面看的效果，剩下了还未钩织的后半针。

挑剩余的后半针钩织

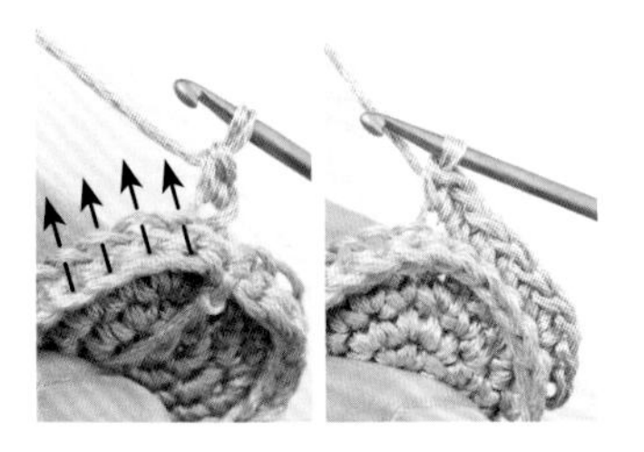

1　将织片往内倾斜，按照箭头所示方向入针，挑剩余的后半针钩织。

2　挑后半针钩织 1 圈后的状态。织片分为了前后两个部分。

挑后半针钩织

1　挑针脚顶部两根线中远离自己的半针（后半针），按照箭头所示方向入针钩织。

2　挑后半针钩织 1 圈后的状态。在织片的正面剩下了还未钩织的前半针。

挑剩余的前半针钩织

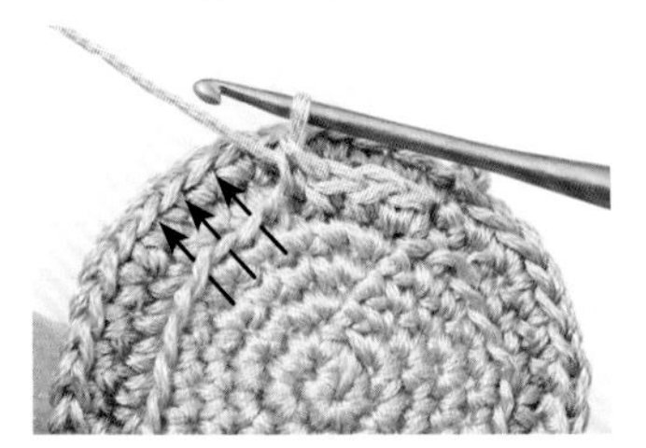

1　按照箭头所示方向，挑剩余的前半针钩织。

2　挑前半针钩织 1 圈后的状态。织片分为了前后两个部分。

❖ 钩织结束时的收尾方法

1　钩织至最后一行时塞入填充棉。

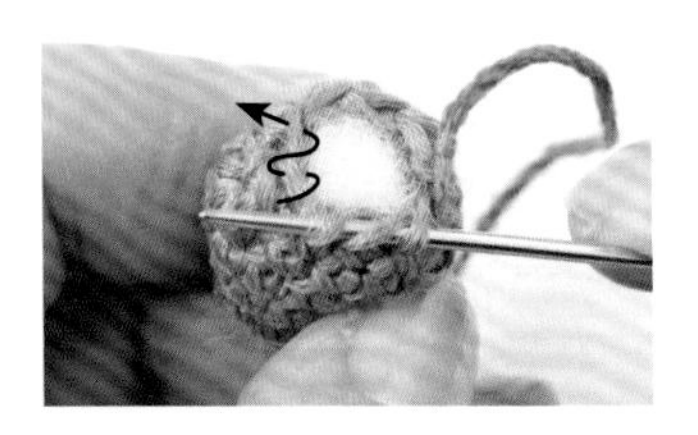

2　留长线后剪断线头，将线穿入缝针。缝针依次穿过最后一行的外侧半针。

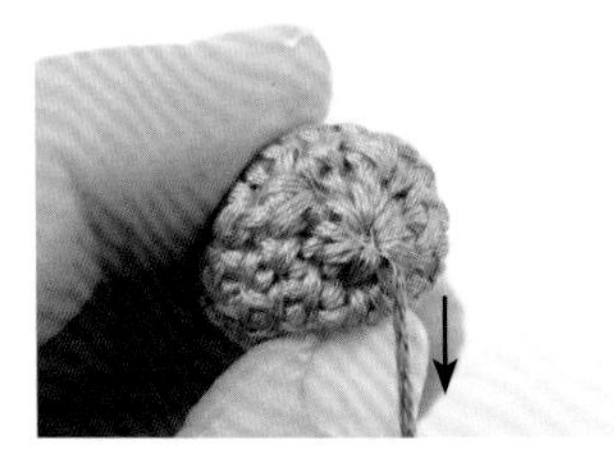

3　穿过最后一行所有的针脚后拉紧线头。

4　将剩余的线头藏入织物中并剪断，可多藏几次，注意不要破坏表面。

❖配色线的换色方法（纵向渡线法）

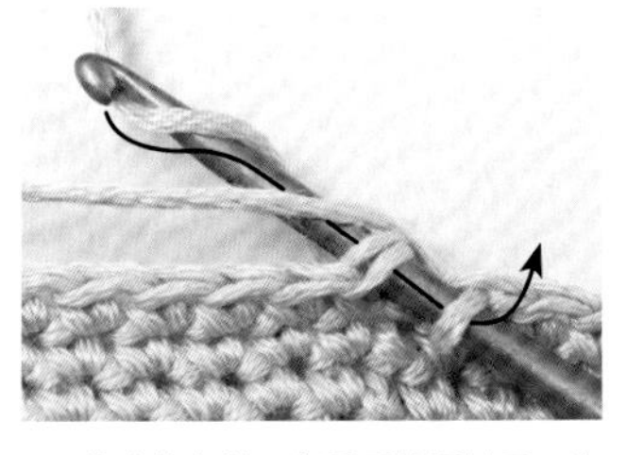

1 钩完换色前一行最后的短针后，在第1针处入针，将底色线从后往前挂于针上暂时不钩，针尖挂配色线，按照箭头所示方向钩出。

2 换成配色线后的效果。

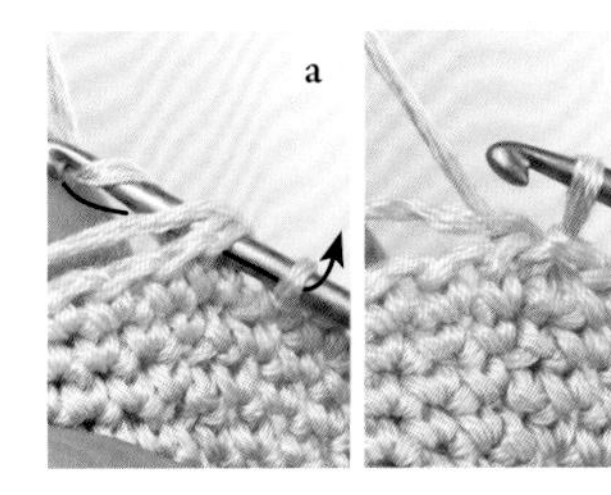

a
b

3 配色线钩到所需行数后，按照步骤1的方法，将配色线从后往前挂于针上暂时不钩，针尖挂底色线，按箭头所示方向钩引拔针（a）。b为换成底色线后的效果。

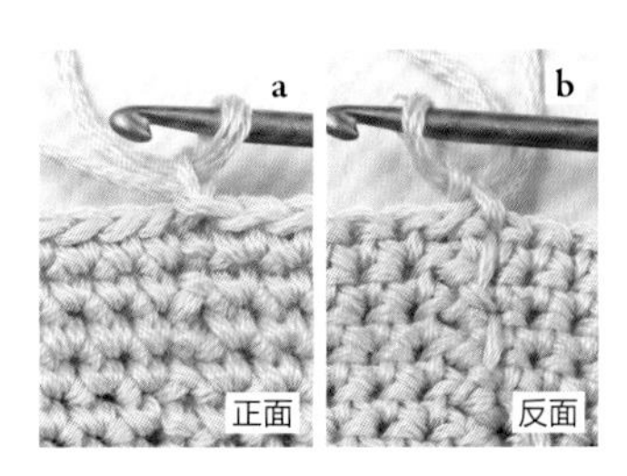

a
b
正面
反面

4 用底色线钩织数行后的效果（a）。进行下一个配色时，将之前暂时不钩的线拉上来钩织（b）。

重点课程

臭鼬的组合方法 图片❖p.5 制作方法❖p.33

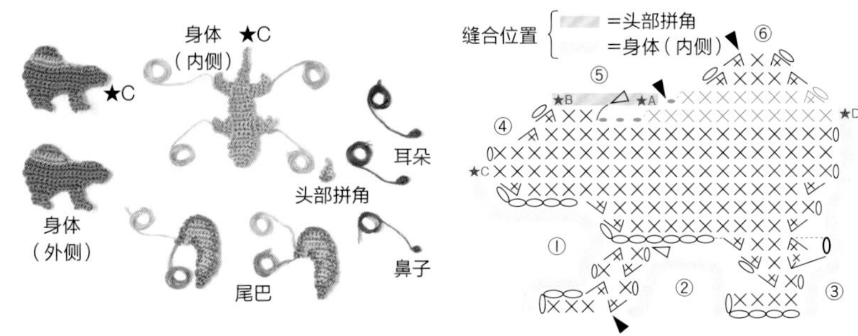

身体 ★C
（内侧）
★C
耳朵
头部拼角
身体
（外侧）
尾巴
鼻子
缝合位置
=头部拼角
=身体（内侧）
①
②
③
④
⑤
⑥
★A
★B
★C
★D

钩织身体（外侧）、尾巴、耳朵各2片，身体（内侧）、鼻子、头部拼角各1片。按照①～⑥（参照右边的符号图）的顺序缝合。

❖缝合身体

缝合身体（外侧）和身体（内侧）

①的缝合方法

1 将身体（外侧）和身体（内侧）对齐（左图★C对齐），从身体外侧织片向身体内侧织片入针。

2 出针后，间隔2mm将缝针再次穿入身体（外侧）织片。

3 重复步骤2，卷针缝合①至左前脚处。

a

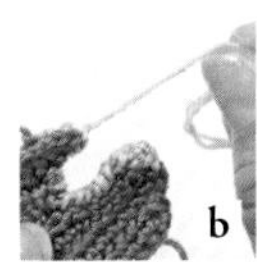

b

4 在左前脚尖上做一个线圈，将缝针穿入线圈（a），拉紧固定（b）。

a

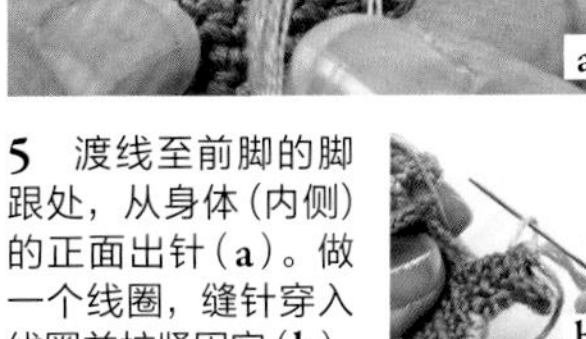

5 渡线至前脚的脚跟处，从身体（内侧）的正面出针（a）。做一个线圈，缝针穿入线圈并拉紧固定（b）。

②的缝合方法

6 卷针缝合②至后脚尖处，参照步骤4拉紧缝合线。

③的缝合方法

7 参照步骤5-a、5-b，渡线至脚跟处并缝合③。左半边缝合完成后的状态。

缝合右半边

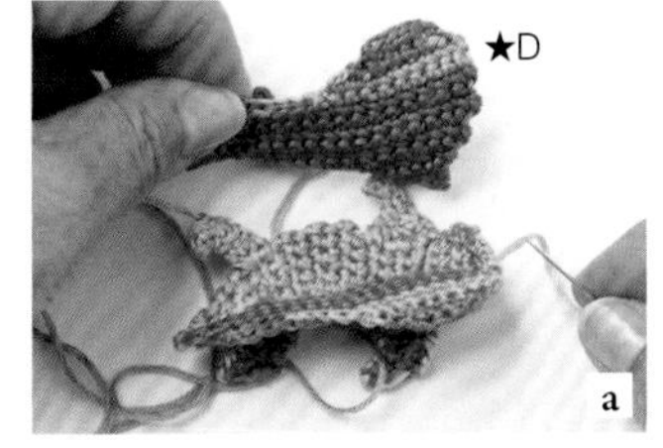

★D
a

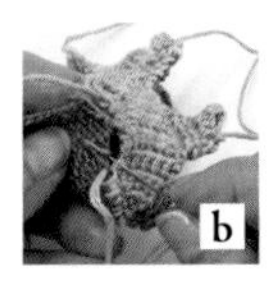

b

8 将身体（外侧）的右半边对齐（a），参照左半边的缝合方法，从★D处开始缝合身体外侧与内侧。

9 身体外侧与内侧缝合完成后的状态。

④的缝合方法

10 接线缝合④，将头部拼角部分与之对齐。

⑤(头部拼角)的缝合方法

11 卷针缝合头部拼角部分。

塞入填充棉

12 在身体中饱满地塞入填充棉。

缝合⑥，处理线头

13 卷针缝合⑥(**a**)。将线头穿入身体内2cm左右，从正面出针后再回穿一次(**b**)，断线。

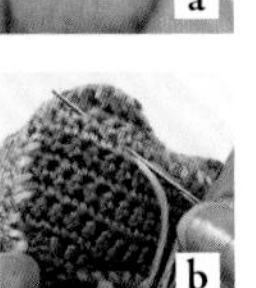

14 用缝针移动填充棉的位置，调整形状。

制作脚底

15 在脚底饱满地塞入填充棉。

16 将脚底的针脚卷针缝合。

17 用缝针调整填充棉的位置。

身体与头部完成

18 身体与头部完成后的状态(**a**)。**b**为从身体内侧看的效果。

缝合尾巴

19 卷针缝合2片尾巴，塞入填充棉。

20 将尾巴圆润地缝合到身体上(**a**)。**b**为缝合完成后的效果。

缝合耳朵

21 从头部入针穿至织片正面缝合耳朵，线头的处理方法参照步骤(**13-b**)。

缝合鼻子

22 参照耳朵的缝合方法缝合鼻子。

23 耳朵和鼻子缝合完成后的效果。

安装眼珠

24 用定型针确定安装眼珠的位置。

25 在眼珠的针插位置涂抹胶水，插入指定位置。

26 全部完成后的效果。

鲸头鹳 图片 ❖ p.17 制作方法 ❖ p.47

❖ 脚的制作方法

用铁丝制作基座

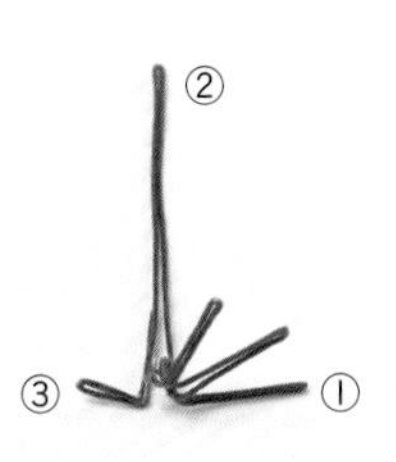
②
③
①

1 按照①（前趾）～③（后趾）的顺序弯曲铁丝，做成脚的形状。

制作前趾

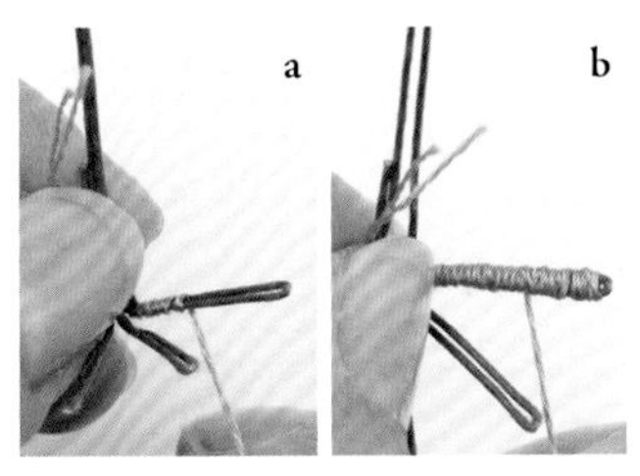
a
b

2 朝着趾尖方向绕线（a），绕至趾尖后再往回绕一次（b）。

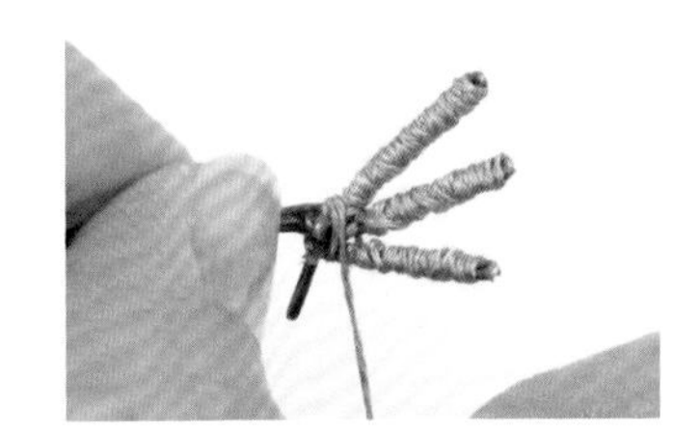

3 将3个前趾一起缠绕2mm。

制作后趾

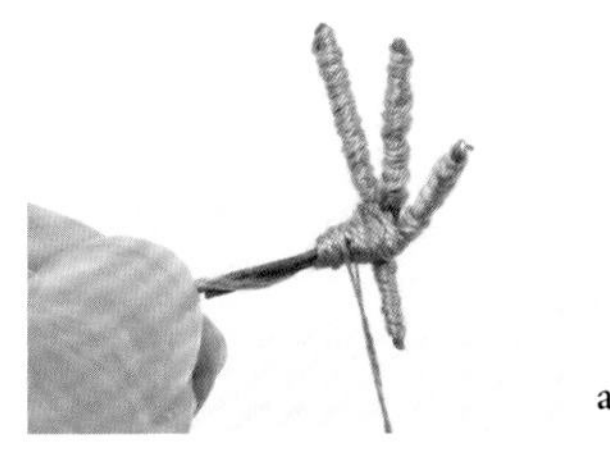
a

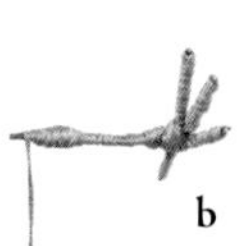
b

4 后趾也同前趾一样绕线（a），从脚踝往上绕1.5cm后，多绕几圈增加厚度做出关节（b）。

制作趾尖

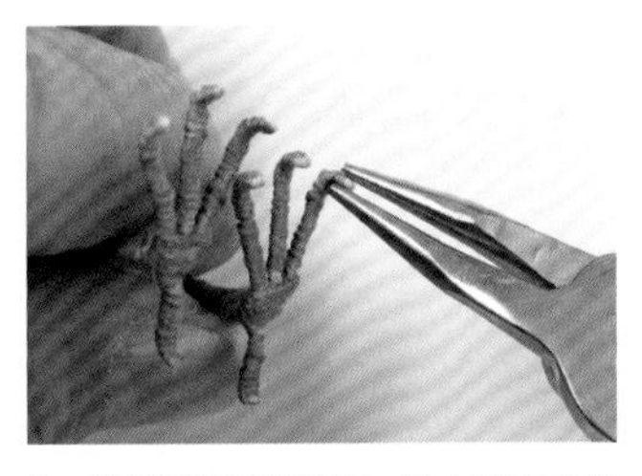

5 绕线到所需长度后，涂上稀释2倍的胶水，晾干后用钳子制作出弯曲的趾尖。

❖ 头部的钩织方法

1 在身体第13行连接嘴巴。

2 第14行在身体上钩5针，将身体的第6针与嘴巴的1针同时挑起，钩2针并1针。

3 另一侧也同样，在嘴巴和身体的连接处各挑1针，钩2针并1针。

羊驼 图片 ❖ p.13 制作方法 ❖ p.42

❖ 头部的钩织方法

钩织耳朵

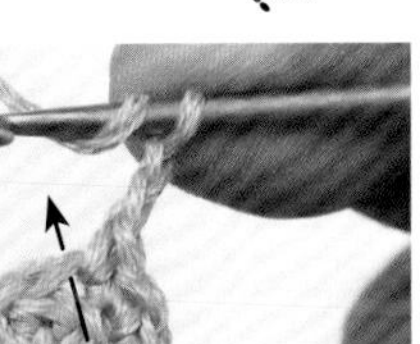

1 在第3行钩3针短针后开始钩织耳朵。先钩2针锁针。

2 按照步骤1的箭头所示，在第3针短针的同一针脚内钩入长针2针的枣形针，再钩2针锁针后，在同一针脚内引拔。

钩织脸部轮廓

a

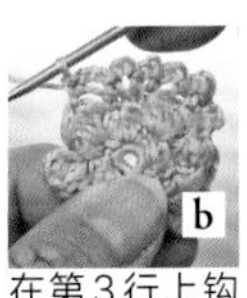
b

3 钩至第4行的脸部轮廓位置时，“钩3针锁针（a）、挑第3行的前半针钩1针短针”，将“”的内容重复5次，钩3针锁针，在第3行上钩短针。

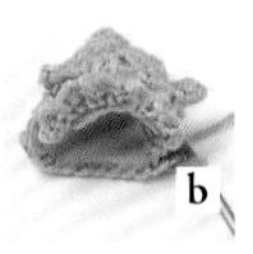
b

4 钩至第5行的脸部轮廓位置时，钩7针锁针，继续在第5行其余针脚处钩织，在开始钩织处引拔。右图为从正面看的效果。

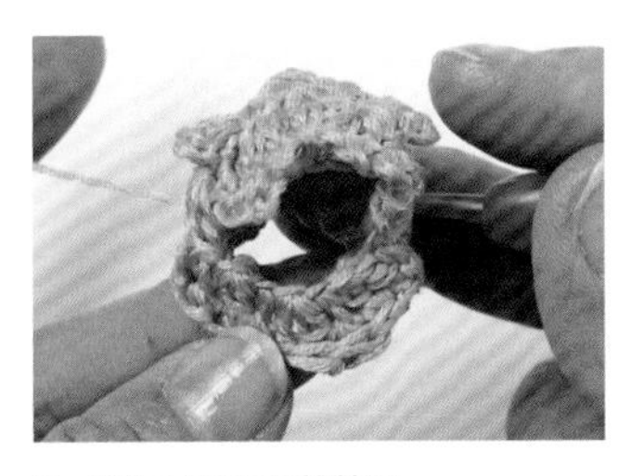

5 钩织了2行后的效果。

阿德利企鹅 图片 ❖ p.25 制作方法 ❖ p.57

❖ 脚的钩织方法

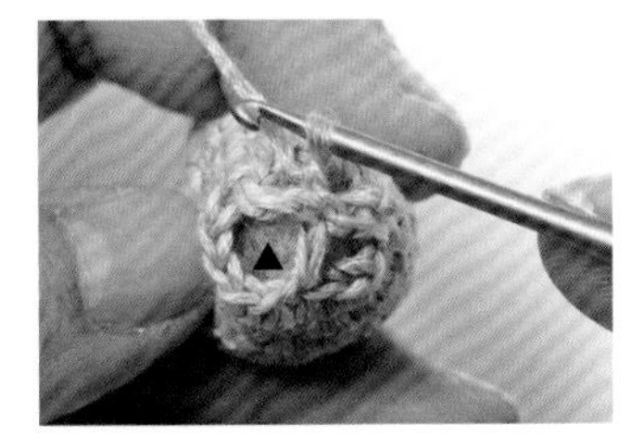
▲

1 钩完主体第19行后继续钩2针锁针（▲处），空出尾巴的4针，钩中长针2针并一针。

2 接着钩1针锁针作为起立针，从步骤1的2针锁针上钩出2针，从主体第19行上钩出6针，从中长针2针并1针上钩出2针，共钩织10针短针，右脚第1行完成。

3 按照同样的方法钩织10针，完成左脚的第1行。

制作方法

水獭

图片 ❖ p.4

线材　DMC 25号刺绣线 / 茶色系（3860）…2支、米色系（712）…0.5支、黑色系（310）…少许

其他　日本编织协会 眼珠（直插形）/ 黑色（2.5mm）…2个、手工用透明鱼线（1号）…8cm×3根、填充棉…适量

钩针　钩针2/0

成品尺寸　参照图解

头部、身体针数表

行数	针数	加减针
25	7	−7
24	14	−7
17～23	21	
16	21	+3
15	18	
14	18	+2
12、13	16	
11	16	+1
10	15	
9	15	+1
8	14	−3
7	17	−2
6	19	+1
5	18	+2
4	16	+4
3	12	
2	12	+6
1	6	

—— =3860
—— =712
● =安装眼珠的位置
=鼻子的刺绣位置
=手的缝合位置

头部、身体

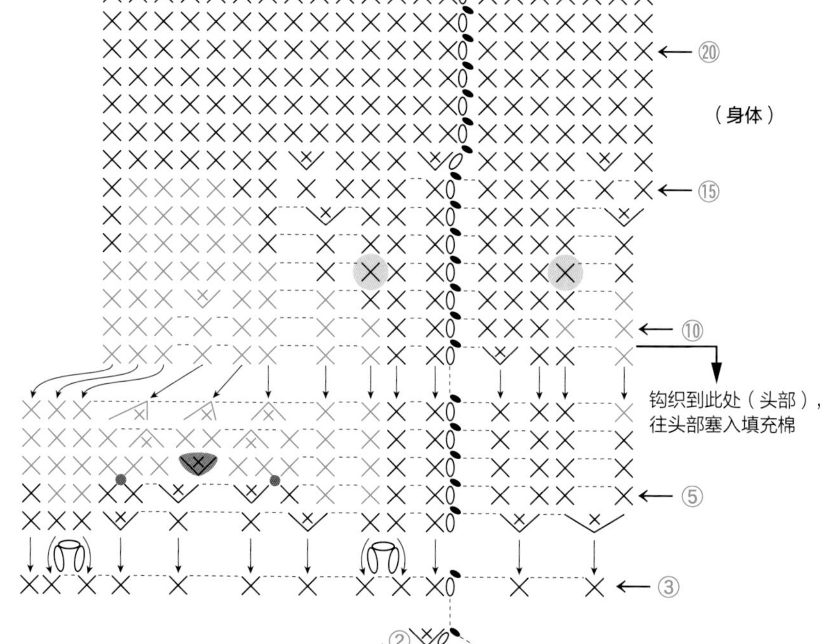

※塞入填充棉，将线头穿入最终行的7针并拉紧
㉕
⑳
（身体）
⑮
⑩
钩织到此处（头部），往头部塞入填充棉
⑤
③

②
①
环
（头侧）

尾巴　3860

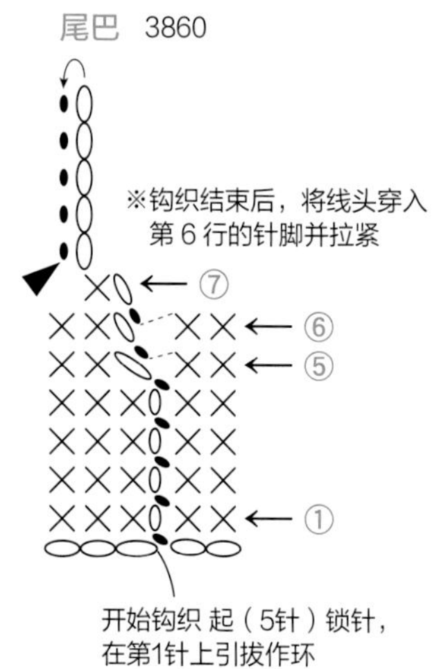

※钩织结束后，将线头穿入第6行的针脚并拉紧
⑦
⑥
⑤
①
开始钩织 起（5针）锁针，在第1针上引拔作环

脚
3860　2个

②
①
开始钩织 起（6针）锁针

手
3860　2个

①
开始钩织 起（8针）锁针

图1

3根鱼线中间打结

组合方法

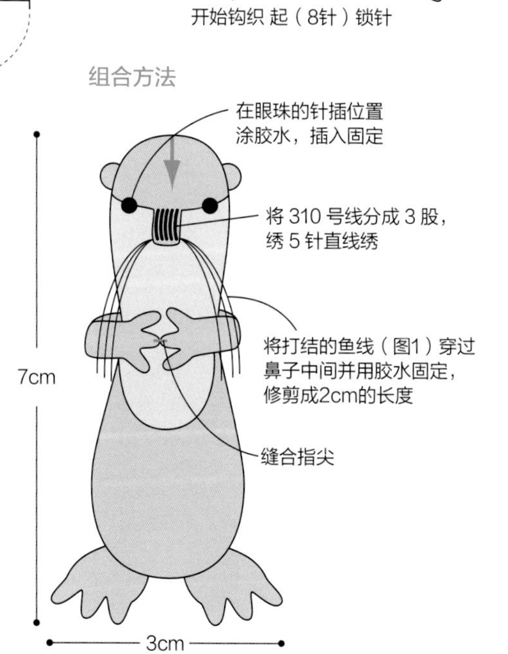

在眼珠的针插位置涂胶水，插入固定
将310号线分成3股，绣5针直线绣
将打结的鱼线（图1）穿过鼻子中间并用胶水固定，修剪成2cm的长度
缝合指尖
7cm
3cm

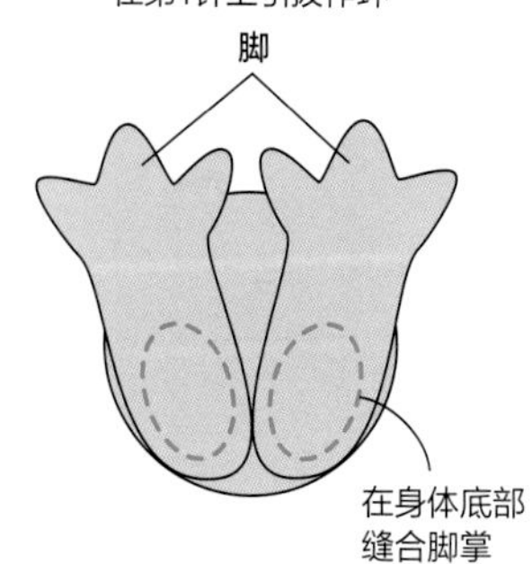

脚
在身体底部缝合脚掌

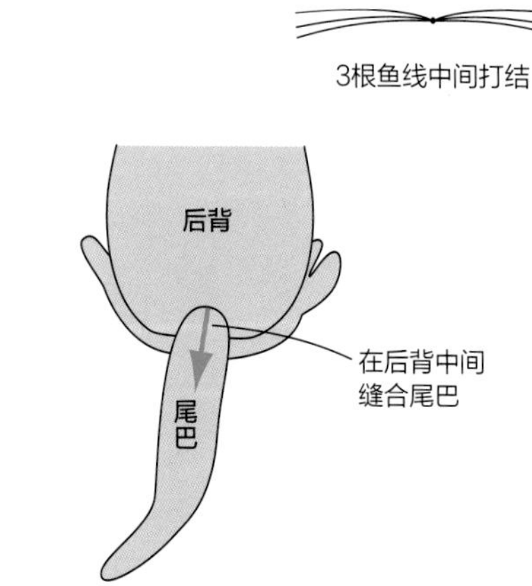

后背
尾巴
在后背中间缝合尾巴

臭鼬

图片 ❖ p.5　重点课程 ❖ p.29

线材　DMC 25号刺绣线 / 黑色系（310）…3.5支、白色系（3865）…1支、茶色系（938）…少许
其他　日本编织协会 眼珠（直插形）/ 黑色（3mm）…2个、填充棉…适量
钩针　钩针2/0号、蕾丝针2号
成品尺寸　参照图解

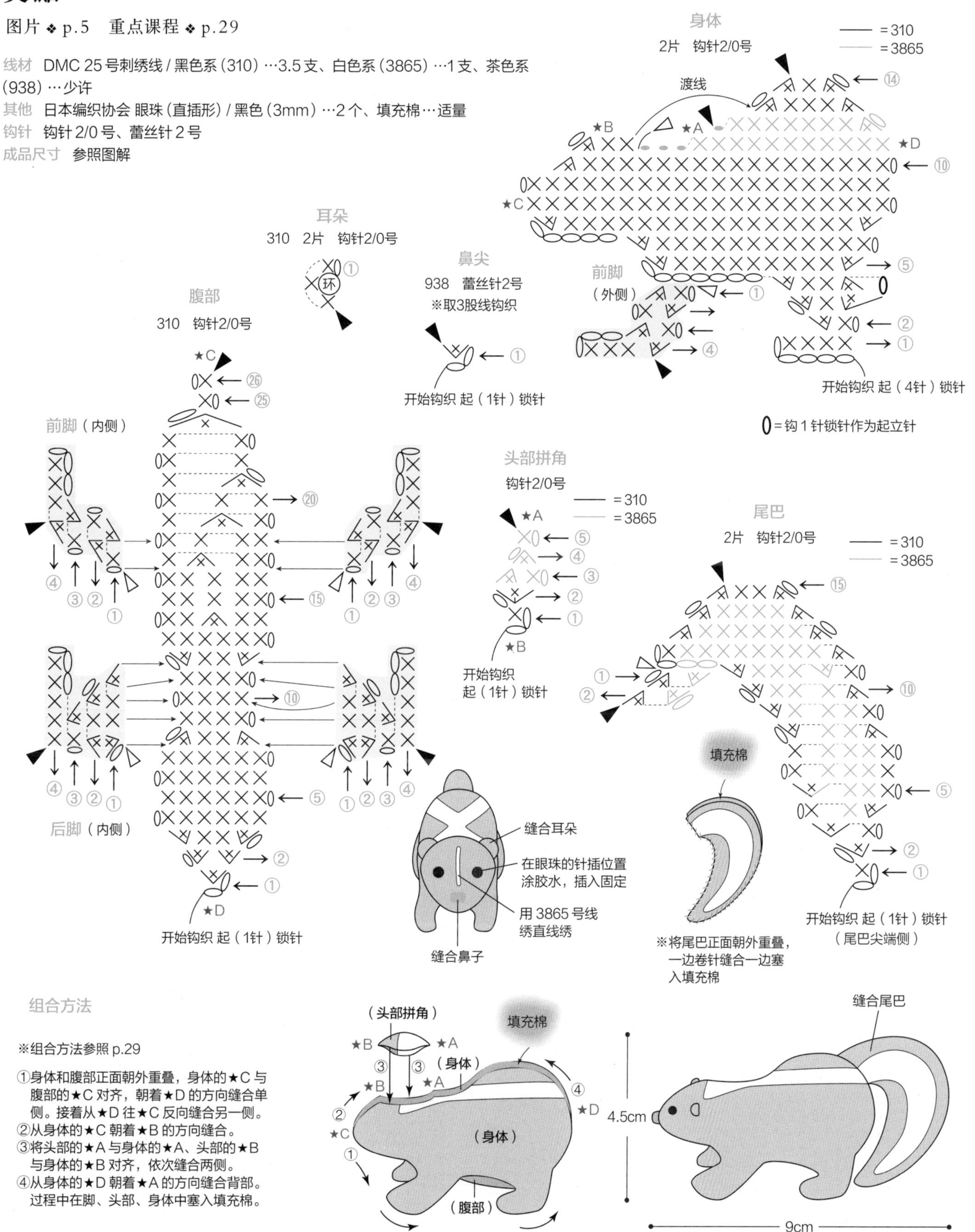

身体
2片　钩针2/0号
— =310
— =3865
渡线
★B
★A
★D
★C
前脚
（外侧）
开始钩织 起（4针）锁针
0 = 钩1针锁针作为起立针
耳朵
310　2片　钩针2/0号
环
鼻尖
938　蕾丝针2号
※取3股线钩织
开始钩织 起（1针）锁针
腹部
310　钩针2/0号
前脚（内侧）
后脚（内侧）
开始钩织 起（1针）锁针
头部拼角
钩针2/0号
— =310
— =3865
开始钩织
起（1针）锁针
尾巴
2片　钩针2/0号
— =310
— =3865
开始钩织 起（1针）锁针
（尾巴尖端侧）
填充棉
※将尾巴正面朝外重叠，
一边卷针缝合一边塞
入填充棉
缝合耳朵
在眼珠的针插位置
涂胶水，插入固定
用3865号线
绣直线绣
缝合鼻子
（头部拼角）
填充棉
（身体）
（腹部）
4.5cm
9cm
缝合尾巴

组合方法

※组合方法参照p.29

①身体和腹部正面朝外重叠，身体的★C与腹部的★C对齐，朝着★D的方向缝合单侧。接着从★D往★C反向缝合另一侧。
②从身体的★C朝着★B的方向缝合。
③将头部的★A与身体的★A、头部的★B与身体的★B对齐，依次缝合两侧。
④从身体的★D朝着★A的方向缝合背部。过程中在脚、头部、身体中塞入填充棉。

扫雪鼬

图片 ❖ p.6

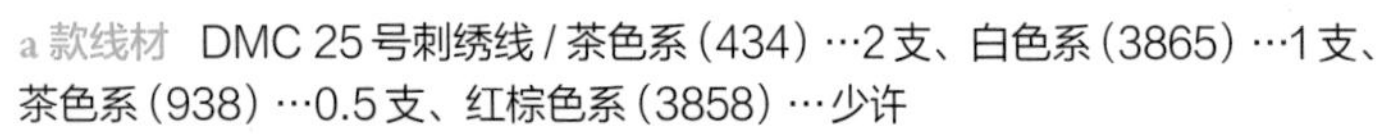

a 款线材　DMC 25 号刺绣线 / 茶色系（434）…2 支、白色系（3865）…1 支、茶色系（938）…0.5 支、红棕色系（3858）…少许

b 款线材　DMC 25 号刺绣线 / 白色系（3865）…3 支、黑色系（310）…0.5 支、浅粉色系（224）、红棕色系（3858）…各少许

其他（通用）　日本编织协会 眼珠（直插形）/ 黑色（3mm）…各 2 个、填充棉…适量

钩针　钩针 2/0 号、蕾丝针 2 号

成品尺寸　参照图解

身体

a 434　b 3865　各2片　钩针2/0号

★A　★B　★C　★D

前脚（外侧）

开始钩织 起（4针）锁针

头部

a 434　b 3865

钩针2/0号

★A　★B

开始钩织 起（1针）锁针

腹部

3865（通用）　钩针2/0号

★C　★D

开始钩织 起（1针）锁针

前脚（内侧）

3865（通用）

后脚（内侧）

3865（通用）

鼻尖

3858（通用）　蕾丝针2号

※取 3 股线钩织

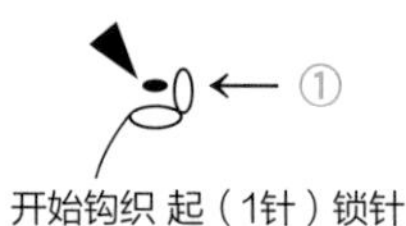

开始钩织 起（1针）锁针

尾巴

—— = a 434　b 3865

▬ = a 938　b 310

钩针2/0号

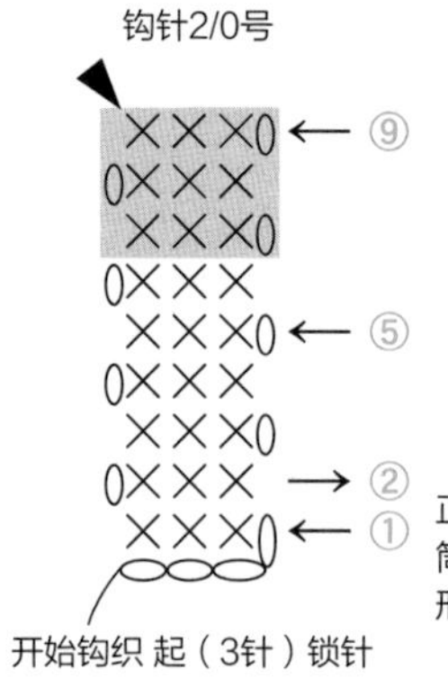

开始钩织 起（3针）锁针

尾巴的整合方法

正面朝外卷针缝合成筒状，整理成尾巴的形状

耳朵

a 434　b 3865　各2片　钩针2/0号

※b 款取 3 股 224 号线，用 2 号蕾丝针钩织 2 片，缝合固定在用 3865 号线钩织的耳朵中。

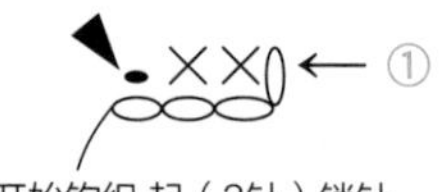

开始钩织 起（3针）锁针

组合方法

※组合方法参照 p.29

①身体和腹部正面朝外重叠，身体的★C 与腹部的★C 对齐，朝着★D 的方向缝合单侧。接着从★D 往★C 反向缝合另一侧。
②从身体的★C 朝着★B 的方向缝合。
③将头部的★A 与身体的★A、头部的★B 与身体的★B 对齐，依次缝合两侧。
④从身体的★D 朝着★A 的方向缝合背部。过程中在脚、头部、身体中塞入填充棉。

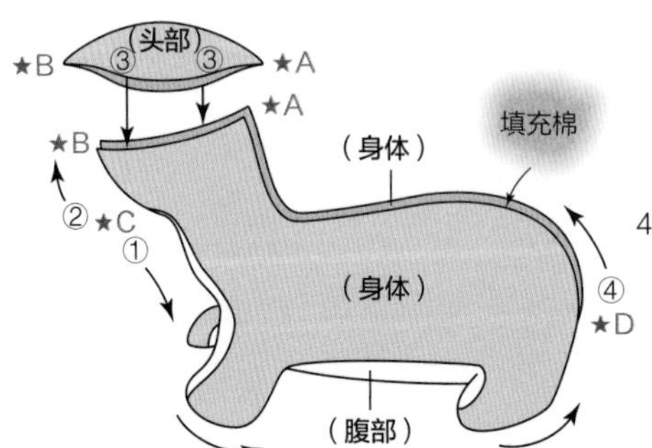

（头部）
★B
★A
（身体）
填充棉
（身体）
（腹部）
★C
★D

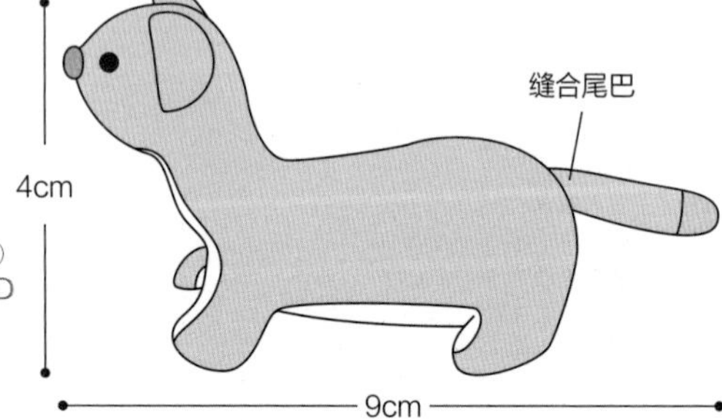

（身体）
缝合耳朵
在眼珠的针插位置涂胶水，插入固定
缝合鼻子
（腹部）
4cm
缝合尾巴
9cm

兔狲

图片 ❖ p.7

线材　DMC 25号刺绣线 / 灰色系（02）…3支、白色系（3865）、黄色系（745）…各1支、灰色系（04）、黑色系（310）、橙色系（742）…各0.5支

其他　日本编织协会 眼珠（直插形）/ 黑色（3.5mm）…2个、手工用透明鱼线（3号）…5cm × 5根、填充棉…适量

钩针　钩针2/0号、蕾丝针2号

成品尺寸　参照图解

尾巴
钩针2/0号
—— = 02
= 310
※塞入填充棉，将线头穿入最终行（6针）针脚并拉紧 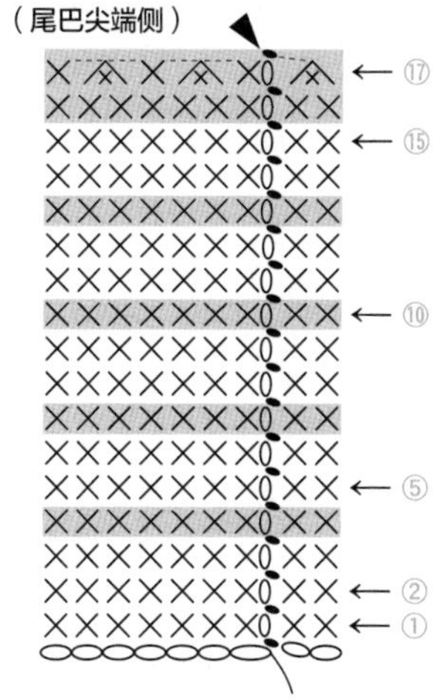
（尾巴尖端侧）
⑰ ⑮ ⑩ ⑤ ② ①
开始钩织 起（9针）锁针，在第1针上引拔做环
身体
2片　钩针2/0号
—— = 02
—— = 3865
= 745 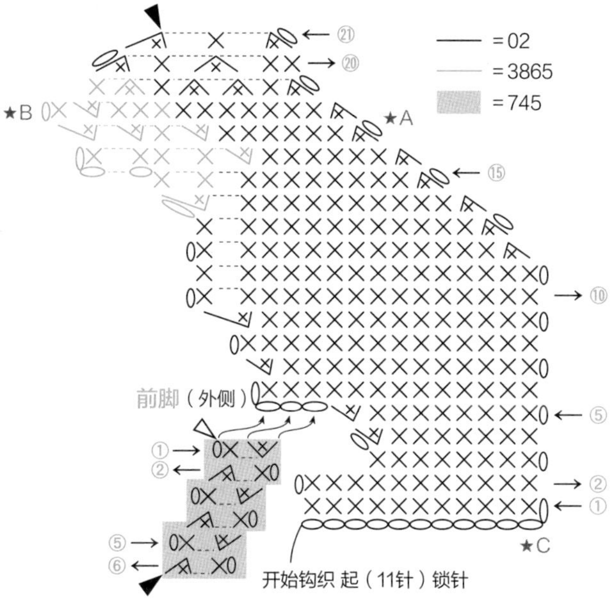
㉑ ⑳ ⑮ ⑩ ⑤ ② ①
★B
★A
★C
前脚（外侧）
① ② ⑤ ⑥
开始钩织 起（11针）锁针
头部
02　钩针2/0号 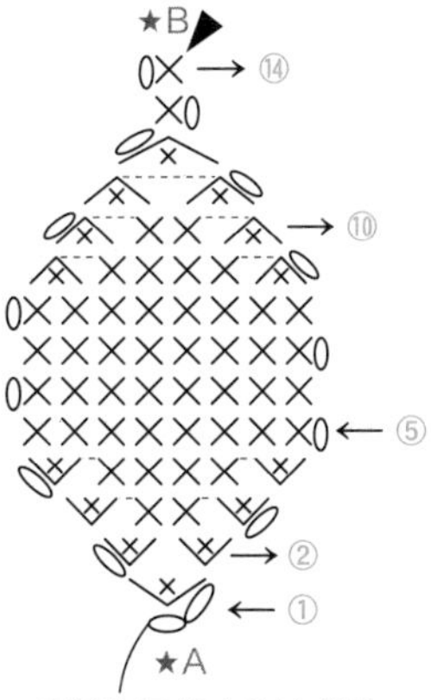
★B
⑭ ⑩ ⑤ ② ①
★A
开始钩织 起（1针）锁针
腹部
钩针2/0号
★B
㉛ ㉚ ㉕ ⑳ ⑮ ⑩ ⑤ ② ①
★C
—— = 3865
—— = 04
= 745 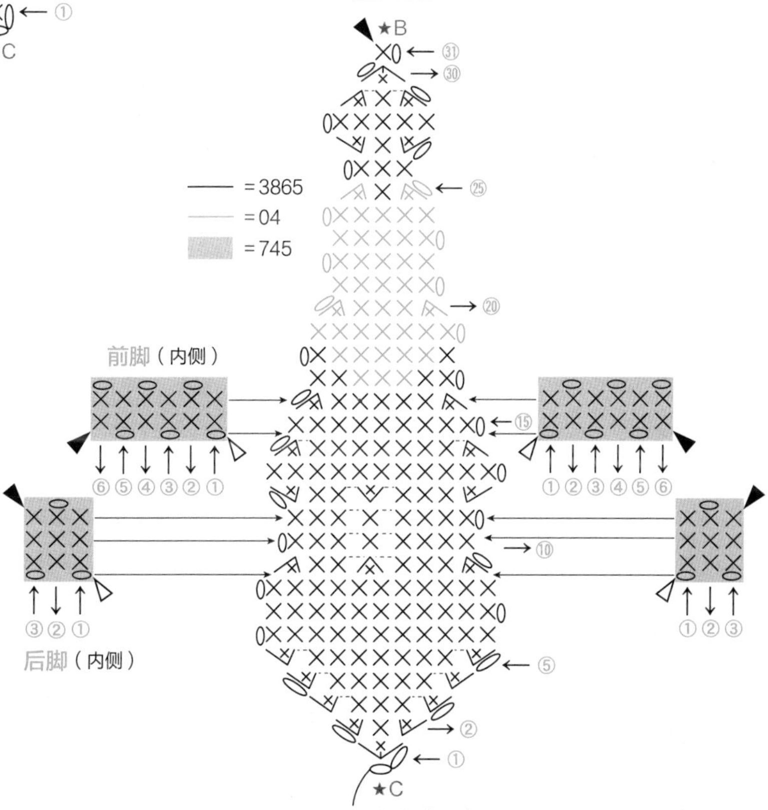
前脚（内侧）
⑥ ⑤ ④ ③ ② ①
① ② ③ ④ ⑤ ⑥
后脚（内侧）
③ ② ①
① ② ③
开始钩织 起（1针）锁针
眼周
742　2片　蕾丝针2号
※取3股线钩织 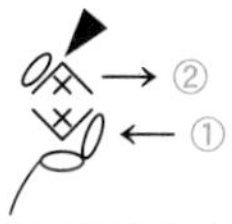
② ①
开始钩织 起（1针）锁针
耳朵
02　2片　钩针2/0号 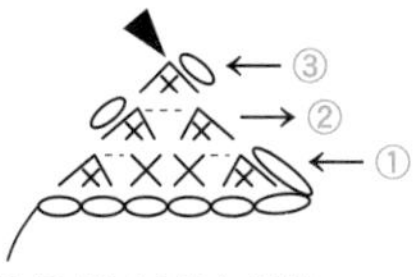
③ ② ①
开始钩织 起（6针）锁针
鼻尖
310　蕾丝针2号
※取3股线钩织 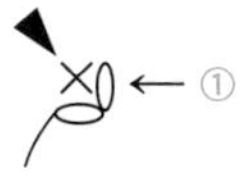
①
开始钩织 起（1针）锁针
鼻周
745　2片　蕾丝针2号
※取3股线钩织
①
环

※组合方法参照p.59

非洲角鸮

图片 ❖ p.8

● =（头部B、C通用）安装眼珠的位置

线材 DMC 25号刺绣线 / 渐变茶色系（105）…2.5支、茶色系（433）、米色系（ECRU）、茶色系（3371）…各0.5支、灰色系（415）…少许

其他 日本编织协会 水晶眼珠 / 橘色（8mm）…2个、填充棉…适量

钩针 蕾丝针0号

成品尺寸 参照图解

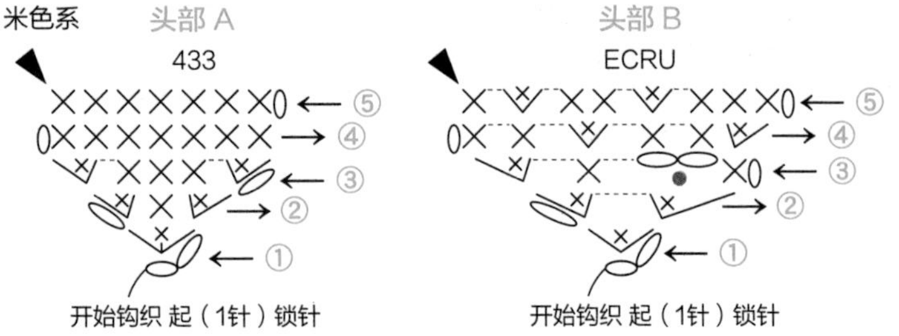

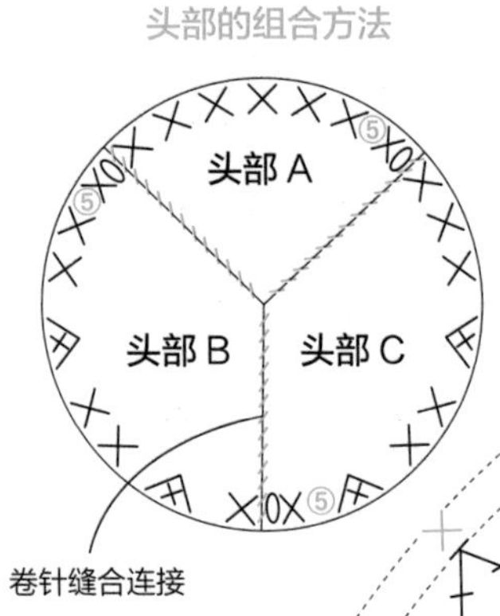

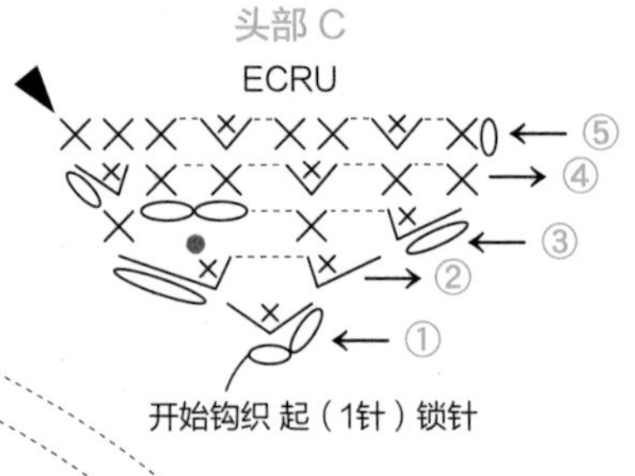

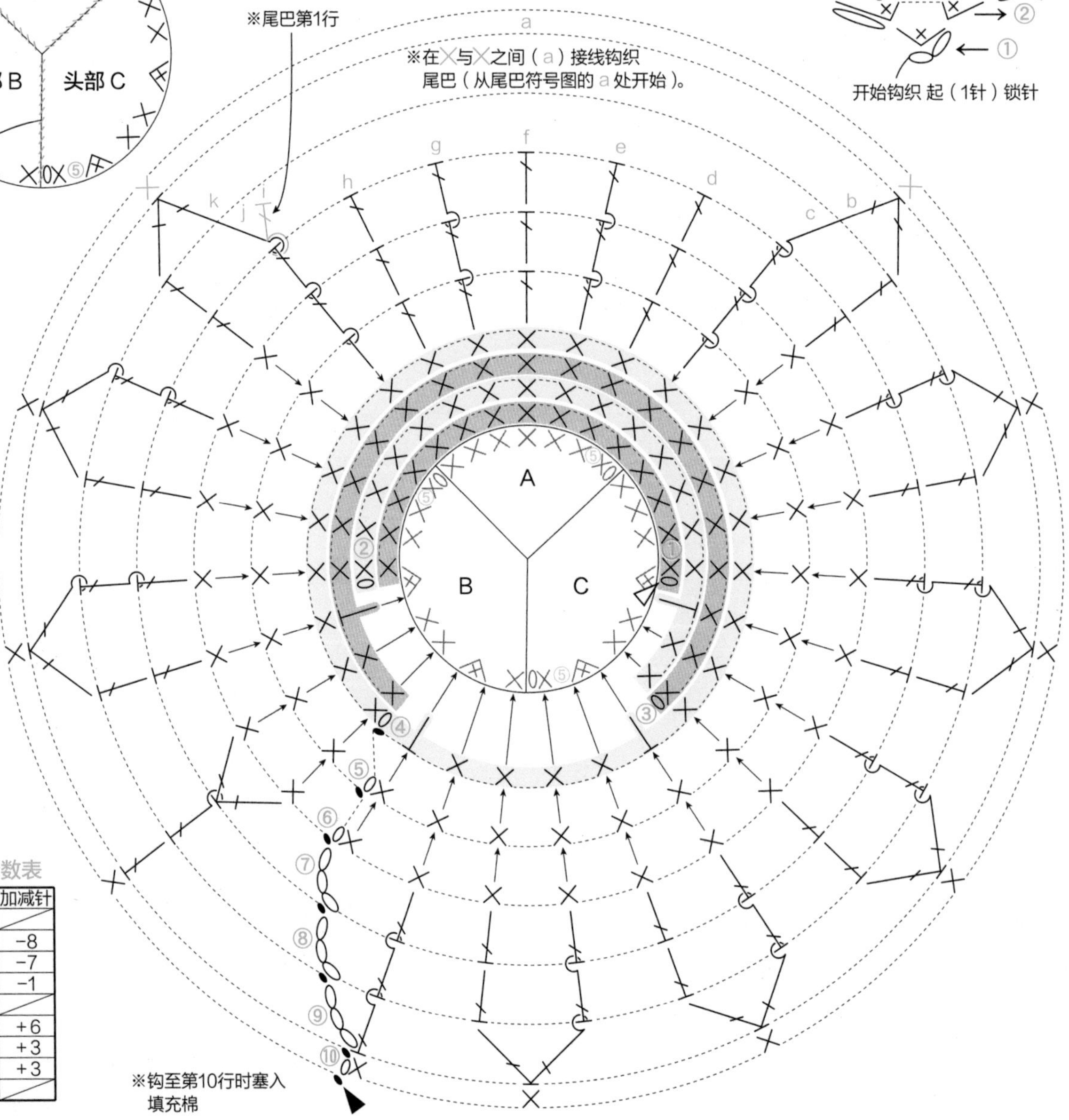

头部A

433

开始钩织 起（1针）锁针

头部B

ECRU

开始钩织 起（1针）锁针

头部的组合方法

头部A

头部B

头部C

卷针缝合连接

身体

105

※缝合头部ABC，在C上接线，从头部挑针钩织身体。1~4行为往返钩织。

※尾巴第1行

※在×与×之间（a）接线钩织尾巴（从尾巴符号图的a处开始）。

头部C

ECRU

开始钩织 起（1针）锁针

身体的针数表

行数	针数	加减针
10	11	
9	11	−8
8	19	−7
7	26	−1
5、6	27	
4	27	+6
3	21	+3
2	18	+3
1	15	

※钩至第10行时塞入填充棉

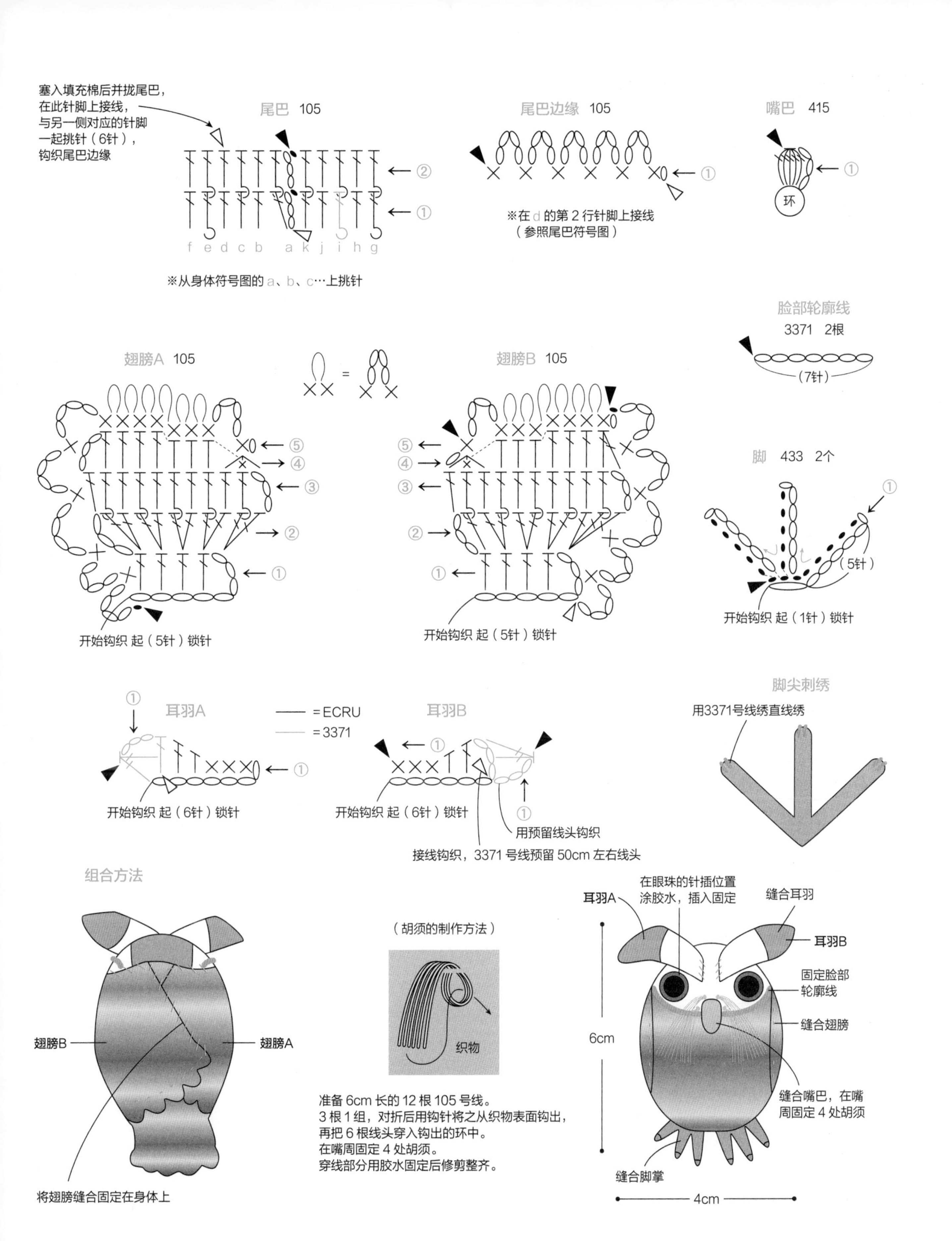
塞入填充棉后并拢尾巴，
在此针脚上接线，
与另一侧对应的针脚
一起挑针（6针），
钩织尾巴边缘
尾巴 105
f e d c b a k j i h g
※从身体符号图的 a、b、c…上挑针
尾巴边缘 105
※在 d 的第 2 行针脚上接线
（参照尾巴符号图）
嘴巴 415
环
脸部轮廓线
3371 2根
（7针）
翅膀A 105
开始钩织 起（5针）锁针
翅膀B 105
开始钩织 起（5针）锁针
脚 433 2个
（5针）
开始钩织 起（1针）锁针
耳羽A
开始钩织 起（6针）锁针
=ECRU
=3371
耳羽B
开始钩织 起（6针）锁针
用预留线头钩织
接线钩织，3371 号线预留 50cm 左右线头
脚尖刺绣
用3371号线绣直线绣
组合方法
翅膀B
翅膀A
将翅膀缝合固定在身体上
（胡须的制作方法）
织物
准备 6cm 长的 12 根 105 号线。
3 根 1 组，对折后用钩针将之从织物表面钩出，
再把 6 根线头穿入钩出的环中。
在嘴周固定 4 处胡须。
穿线部分用胶水固定后修剪整齐。
耳羽A
在眼珠的针插位置
涂胶水，插入固定
缝合耳羽
耳羽B
固定脸部
轮廓线
缝合翅膀
6cm
缝合嘴巴，在嘴
周固定 4 处胡须
缝合脚掌
4cm

印度星龟

图片 ❖ p.9

线材　DMC 25号刺绣线 / 渐变茶色系（111）、茶色系（3371）…各1.5支、黄色系（676）…1支、茶色系（729）…少许

其他　日本编织协会 眼珠（直插形）/ 黑色（4mm）…2个、填充棉…适量

钩针　蕾丝针0号

成品尺寸　参照图解

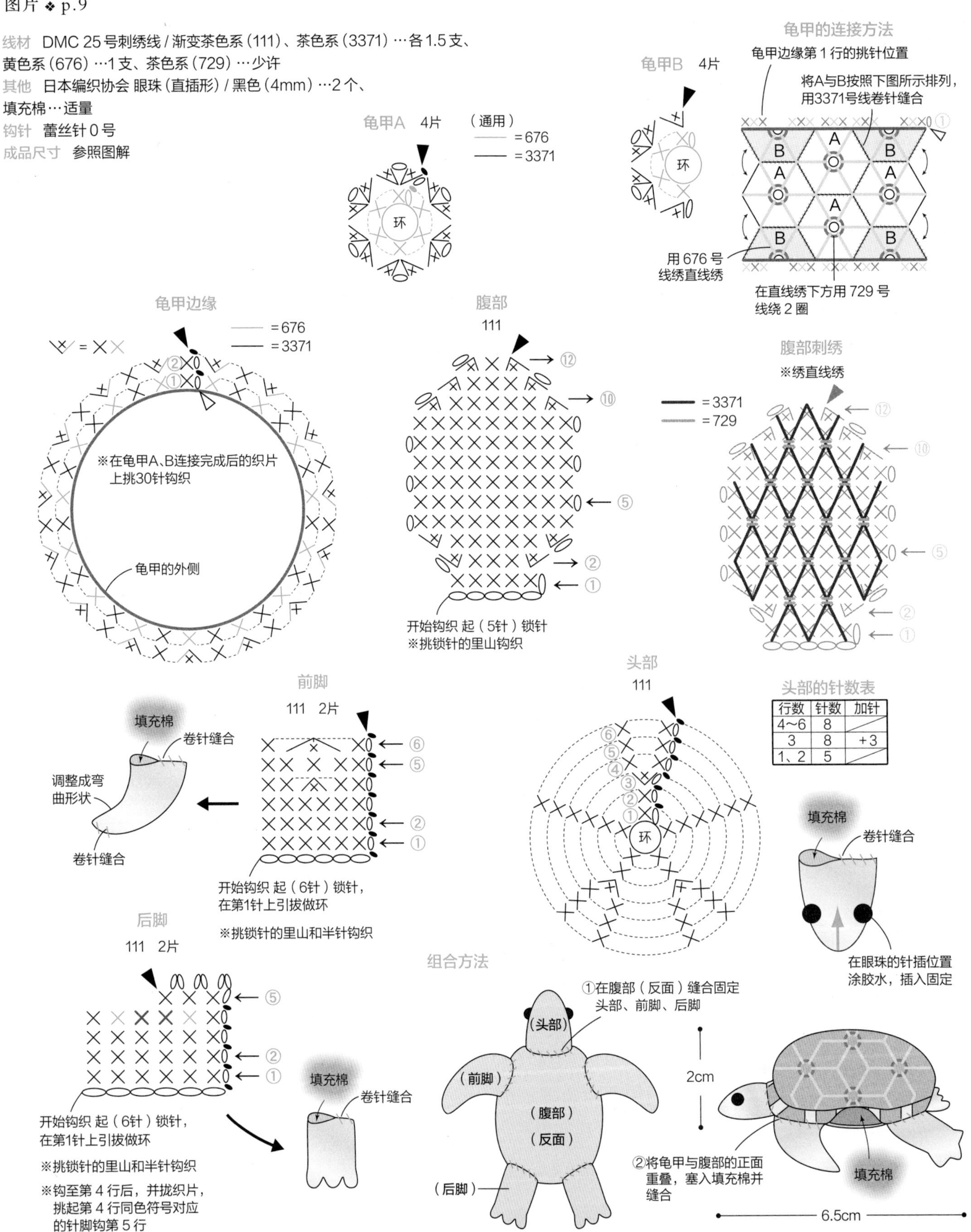

龟甲A　4片
（通用）
=676
=3371
环
龟甲B　4片
环
龟甲的连接方法
龟甲边缘第1行的挑针位置
将A与B按照下图所示排列，用3371号线卷针缝合
用676号线绣直线绣
在直线绣下方用729号线绕2圈
龟甲边缘
=676
=3371
※在龟甲A、B连接完成后的织片上挑30针钩织
龟甲的外侧
腹部
111
开始钩织 起（5针）锁针
※挑锁针的里山钩织
腹部刺绣
※绣直线绣
=3371
=729
前脚
111　2片
填充棉
卷针缝合
调整成弯曲形状
卷针缝合
开始钩织 起（6针）锁针，在第1针上引拔做环
※挑锁针的里山和半针钩织
头部
111
环
头部的针数表
填充棉
卷针缝合
在眼珠的针插位置涂胶水，插入固定
后脚
111　2片
开始钩织 起（6针）锁针，在第1针上引拔做环
※挑锁针的里山和半针钩织
※钩至第4行后，并拢织片，挑起第4行同色符号对应的针脚钩第5行
填充棉
卷针缝合
组合方法
①在腹部（反面）缝合固定头部、前脚、后脚
（头部）
（前脚）
（腹部）
（反面）
（后脚）
2cm
②将龟甲与腹部的正面重叠，塞入填充棉并缝合
填充棉
6.5cm

行数	针数	加针
4~6	8	
3	8	+3
1、2	5	

亚洲貘

图片 ❖ p.10

a 款线材　DMC 25 号刺绣线 / 黑色系（310）…2 支、灰色系（762）…0.5 支、浅茶色系（451）…少许

b 款线材　DMC 25 号刺绣线 / 茶色系（3371）…1.5 支、米色系（712）…0.5 支、米色系（06）…少许

其他（通用）　日本编织协会 眼珠（直插形）/ 黑色（2.5mm）…各 2 个、填充棉…适量

钩针　钩针 2/0 号、蕾丝针 2 号

成品尺寸　参照图解

a 身体、头部的针数表

行数	针数	加减针
25	3	−3
24	6	−2
23	8	−3
22	11	−1
21	12	−1
19、20	13	
18	13	+2
17	11	
16	11	−4
15	15	−5
5~14	20	
4	20	+5
3	15	+5
2	10	+5
1	5	

a 身体、头部

钩针2/0号

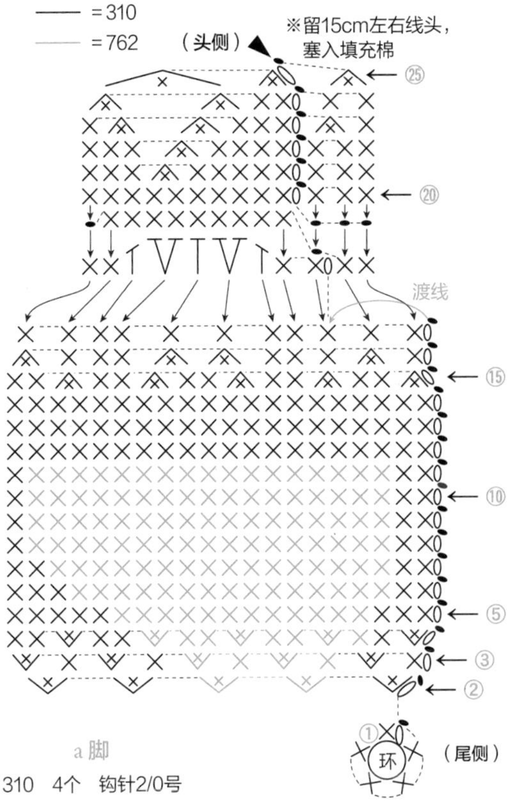

—— =310

—— =762

（头侧）

※留15cm左右线头，塞入填充棉

㉕ ⑳ ⑮ ⑩ ⑤ ③ ②

渡线

① 环

（尾侧）

b 身体、头部的针数表

行数	针数	加减针
17	6	
16	6	−2
15	8	−2
14	10	−2
12、13	12	
11	12	+5
10	7	−5
9	12	−3
4~8	15	
3	15	+5
2	10	
1	10	

b 身体、头部

3371　钩针2/0号

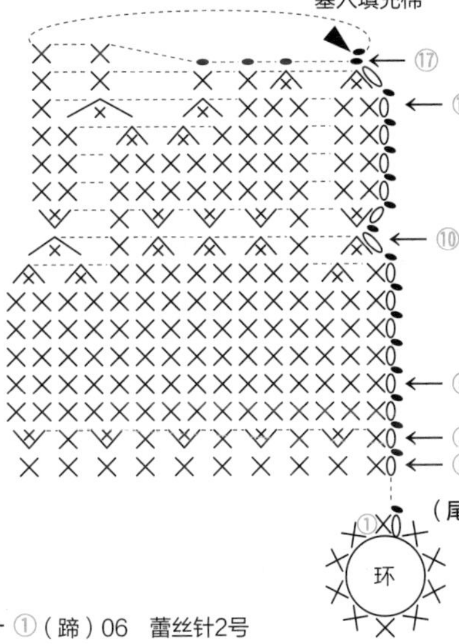

（头侧）

※留15cm左右线头，塞入填充棉

⑰ ⑮ ⑩ ⑤ ③ ②

① 环

（尾侧）

a 脚

310　4个　钩针2/0号

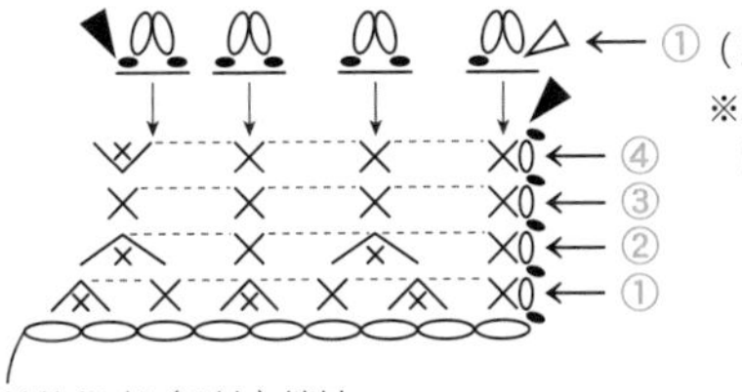

①（蹄）451　蕾丝针2号

※取3股线，挑前一行的前半针钩织

④ ③ ② ①

开始钩织 起（9针）锁针，在第1针上引拔做环

b 脚

3371　4个　钩针2/0号

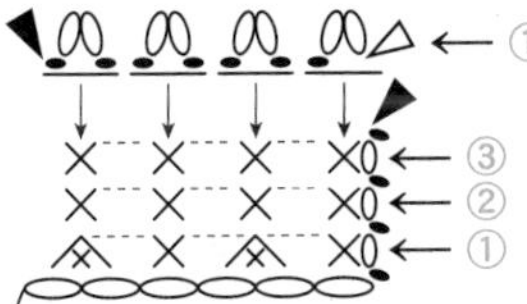

①（蹄）06　蕾丝针2号

※取3股线，挑前一行的前半针钩织

③ ② ①

开始钩织 起（6针）锁针，在第1针上引拔做环

b 耳朵

3371　2片　钩针2/0号

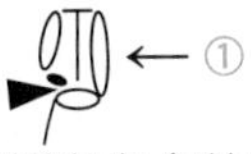

①

※留10cm左右线头

开始钩织 起（1针）锁针

尾巴

a 310 b 3371

钩针2/0号

（3针）

※开始和结束钩织时分别留10cm线头

a 耳朵

310　2片　钩针2/0号

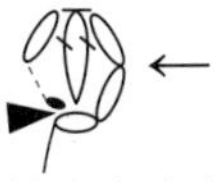

①

※留10cm左右线头

开始钩织 起（1针）锁针

※组合方法参照p.59

大熊猫

图片 ❖ p.11

线材　DMC 25号刺绣线 / 黑色系（310）、白色系（3865）…各2.5支
其他　日本编织协会 眼珠（直插形）/ 黑色（2.5mm）…2个、填充棉…适量
钩针　钩针2/0号、蕾丝针2号
成品尺寸　参照图解

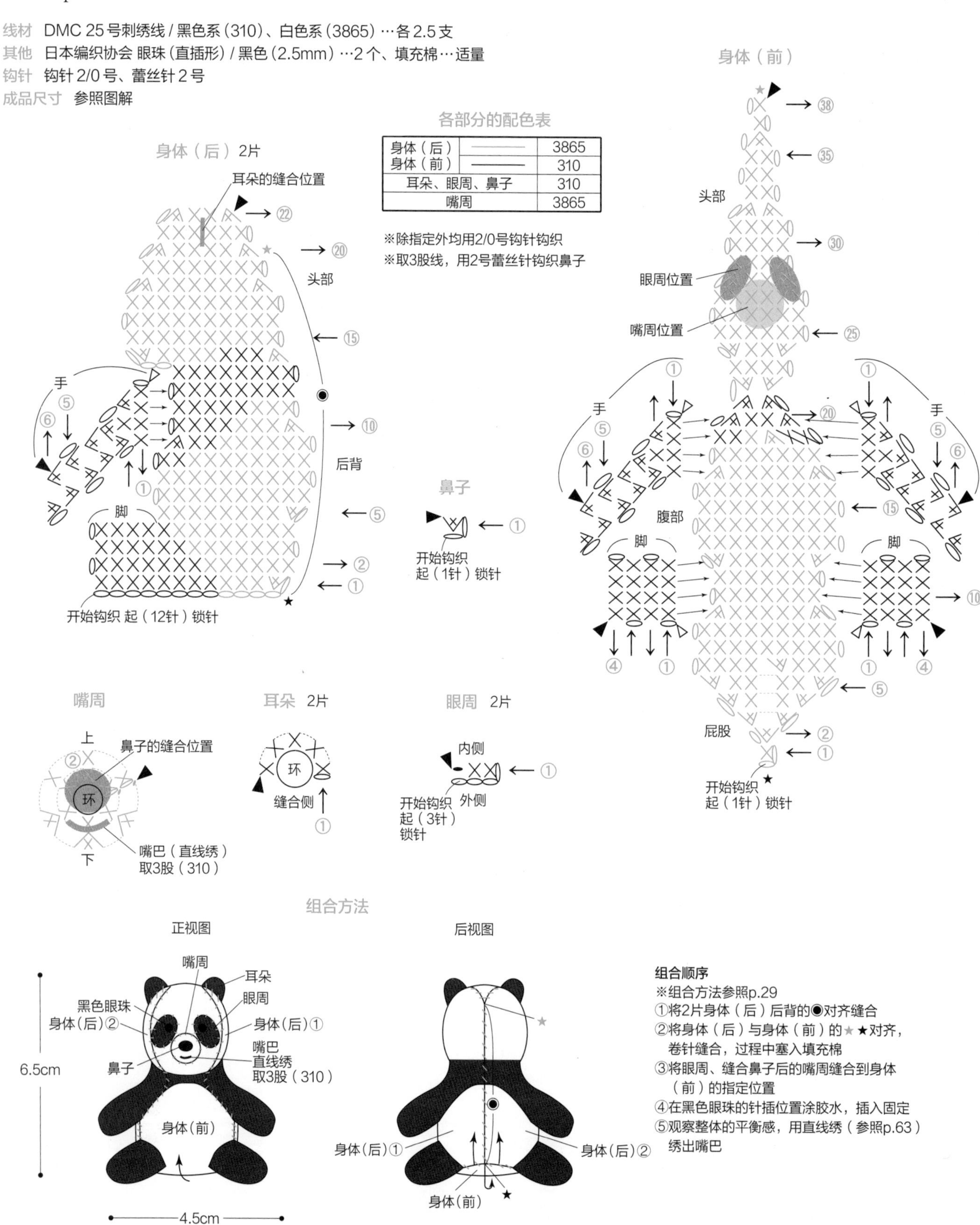

身体（后）2片
耳朵的缝合位置
头部
后背
手
脚
开始钩织 起（12针）锁针
身体（前）
头部
眼周位置
嘴周位置
手
腹部
脚
屁股
开始钩织 起（1针）锁针
鼻子
开始钩织 起（1针）锁针
嘴周
上
下
环
鼻子的缝合位置
嘴巴（直线绣）
取3股（310）
耳朵 2片
环
缝合侧
眼周 2片
内侧
外侧
开始钩织 起（3针）锁针
组合方法
正视图
嘴周
耳朵
黑色眼珠
眼周
身体(后)②
身体(后)①
鼻子
嘴巴
直线绣
取3股（310）
6.5cm
身体(前)
4.5cm
后视图
身体(后)①
身体(后)②
身体(前)

各部分的配色表

部分		色号
身体（后）	———	3865
身体（前）	———	310
耳朵、眼周、鼻子		310
嘴周		3865

※除指定外均用2/0号钩针钩织
※取3股线，用2号蕾丝针钩织鼻子

组合顺序

※组合方法参照p.29

①将2片身体（后）后背的◉对齐缝合
②将身体（后）与身体（前）的★★对齐，卷针缝合，过程中塞入填充棉
③将眼周、缝合鼻子后的嘴周缝合到身体（前）的指定位置
④在黑色眼珠的针插位置涂胶水，插入固定
⑤观察整体的平衡感，用直线绣（参照p.63）绣出嘴巴

小熊猫

图片 ❖ p.12

线材 DMC 25号刺绣线 / 茶色系（975）、茶色系（3371）…各1.5支、茶色系（301）…1支、米色系（ECRU）…0.5支

其他 日本编织协会 眼珠（直插形）/ 黑色（3mm）…2个、填充棉…适量、手工用透明鱼线（1号）…8cm×3根

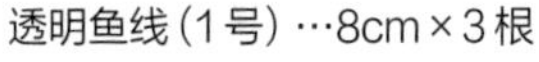

钩针 蕾丝针0号

成品尺寸 参照图解

尾巴

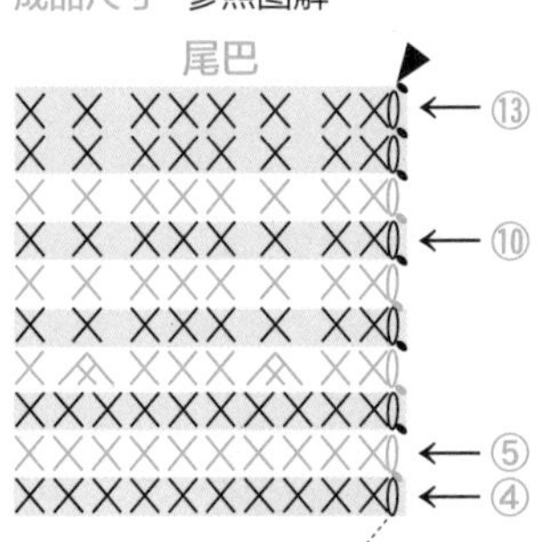

※钩织结束后，塞入填充棉

各部分的配色表

部分		颜色
尾巴		975
		ECRU
		3371
头部		301
		975
		ECRU
身体		3371
		975
前脚、后脚		3371
耳朵		ECRU

尾巴的针数表

行数	针数	加减针
8~13	8	
7	8	−2
4~6	10	
3	10	+2
2	8	+2
1	6	

头部的针数表

行数	针数	加减针
13	6	−5
12	11	−5
11	16	−6
7~10	22	
6	22	+2
5	20	+4
4	16	+4
3	12	+4
2	8	+2
1	6	

※钩织过程中塞入填充棉，将线头穿入最终行的针脚并拉紧

头部

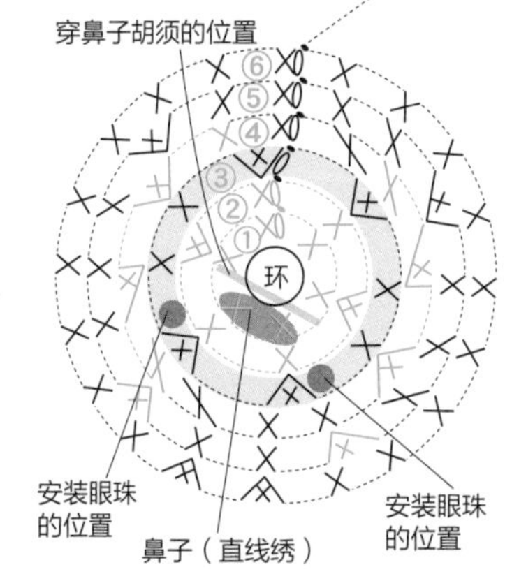

安装胡须的位置
耳朵的缝合位置
安装胡须的位置
穿鼻子胡须的位置
环
安装眼珠的位置
鼻子（直线绣）
安装眼珠的位置

身体的针数表

行数	针数	加减针
18	18	−2
17	20	+2
16	18	
15	18	−3
5~14	21	
4	21	+3
3	18	+6
2	12	+6
1	6	

身体

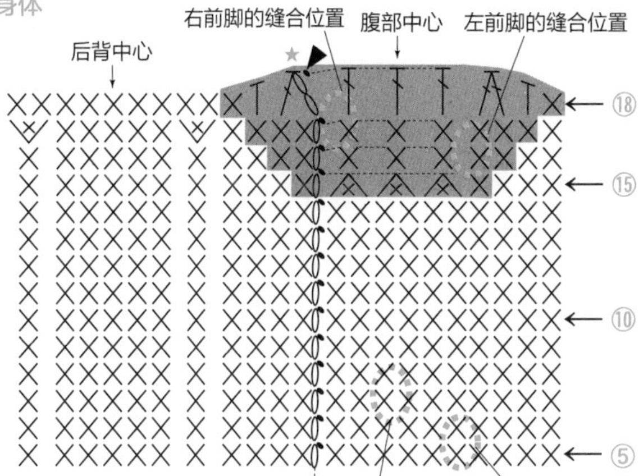

后背中心
右前脚的缝合位置
腹部中心
左前脚的缝合位置
右后脚的缝合位置
左后脚的缝合位置

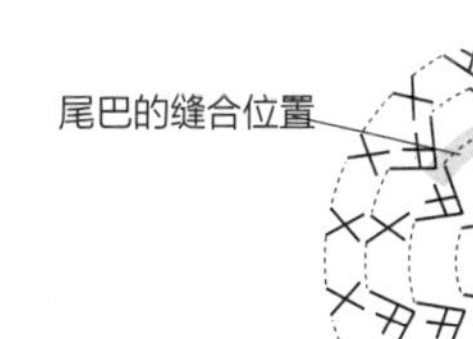

尾巴的缝合位置
环

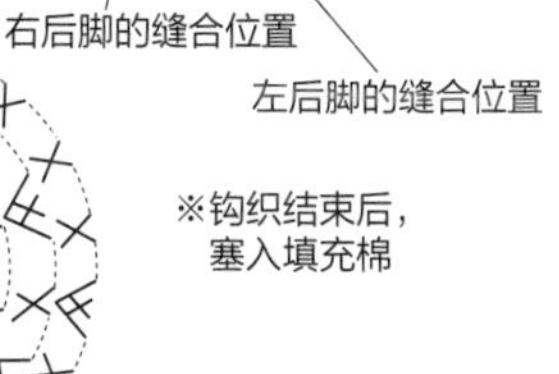

※钩织结束后，塞入填充棉

前脚 ※钩至第7行 2个

后脚 ※钩至第6行 2个

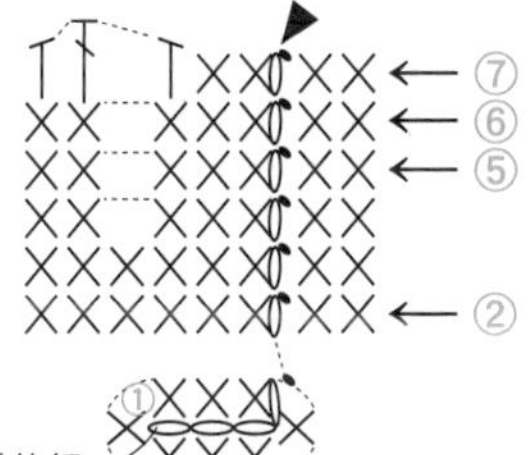

开始钩织起（3针）锁针

※钩织结束后，塞入填充棉

耳朵 2片

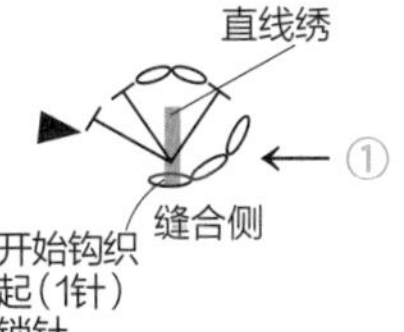

直线绣
缝合侧

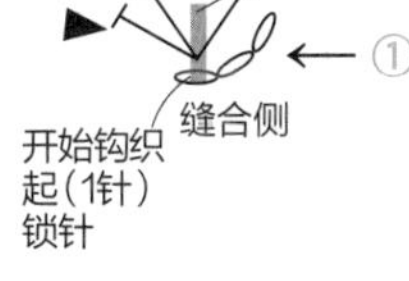

开始钩织起（1针）锁针

组合方法

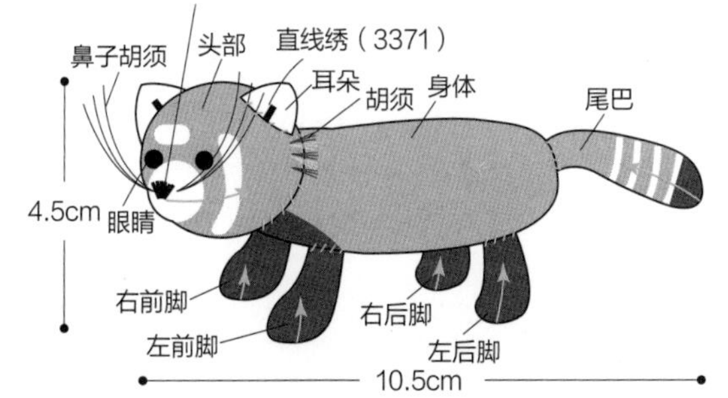

鼻子
直线绣
（3371号线分成3股后刺绣）
左视图
鼻子胡须
头部
直线绣（3371）
耳朵
胡须
身体
尾巴
4.5cm
眼睛
右前脚
右后脚
左前脚
左后脚
10.5cm

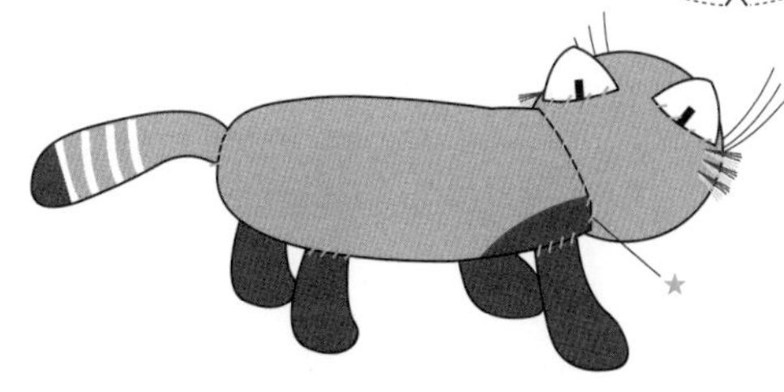

右视图

胡须的安装方法

301号线分成3股后使用

0.5cm

安装胡须的位置

ECRU号线分成3股后使用

※在指定位置穿线，修剪整齐并用胶水固定

组合顺序

①将头部稍稍倾斜，套于身体结束钩织的位置（★处对齐），缝合固定

②在耳朵中间绣直线绣（参照p.63），将耳朵缝合在头上

③缝合固定左右前脚，左右后脚

④在眼珠的针插位置涂胶水，插入固定

⑤在鼻头的指定位置绣7针直线绣（参照p.63）

⑥参照胡须的安装方法，将胡须固定在脸部。用8cm长的3根透明鱼线穿过指定位置制成鼻子胡须并用胶水固定（参照p.32水獭）

羊驼

图片 ❖ p.13　重点课程 ❖ p.31

各部分的配色表

部位	a	b
身体、头&脖子、脚、尾巴	437	ECRU
脸部	712、437	3865、ECRU

a 款线材　DMC 25 号刺绣线 / 茶色系（437）…6 支、米色系（712）…0.5 支、浅粉色系（224）、黑色系（310）…各少许

b 款线材　DMC 25 号刺绣线 / 米色系（ECRU）…6 支、白色系（3865）…0.5 支、浅粉色系（225）、黑色系（310）…各少许

其他　日本编织协会 眼珠（直插形）/ 黑色（3mm）…各 2 个、填充棉…适量

钩针　钩针 2/0 号

成品尺寸　参照图解

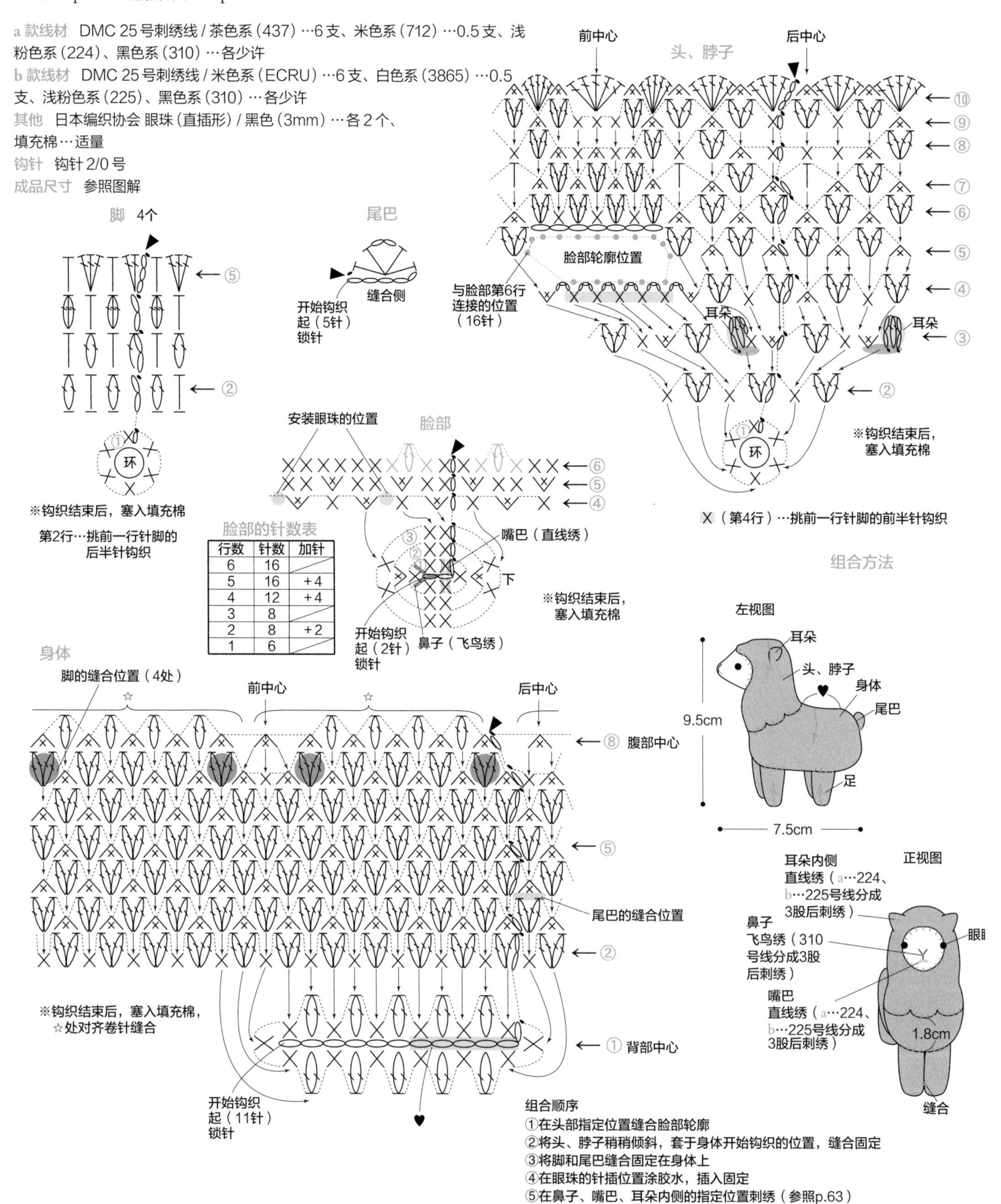

脚 4个
环
※钩织结束后，塞入填充棉
第2行…挑前一行针脚的后半针钩织
尾巴
开始钩织起（5针）锁针
缝合侧
头、脖子
前中心
后中心
脸部轮廓位置
与脸部第6行连接的位置（16针）
耳朵
※钩织结束后，塞入填充棉
（第4行）…挑前一行针脚的前半针钩织
脸部
安装眼珠的位置
嘴巴（直线绣）
下
开始钩织起（2针）锁针
鼻子（飞鸟绣）
※钩织结束后，塞入填充棉
身体
脚的缝合位置（4处）
前中心
后中心
腹部中心
尾巴的缝合位置
背部中心
※钩织结束后，塞入填充棉，☆处对齐卷针缝合
开始钩织起（11针）锁针
组合方法
左视图
耳朵
头、脖子
身体
尾巴
足
9.5cm
7.5cm
正视图
耳朵内侧
直线绣（a…224、b…225号线分成3股后刺绣）
鼻子
飞鸟绣（310号线分成3股后刺绣）
嘴巴
直线绣（a…224、b…225号线分成3股后刺绣）
1.8cm
缝合

脸部的针数表

行数	针数	加针
6	16	
5	16	+4
4	12	+4
3	8	
2	8	+2
1	6	

组合顺序

①在头部指定位置缝合脸部轮廓

②将头、脖子稍稍倾斜，套于身体开始钩织的位置，缝合固定

③将脚和尾巴缝合固定在身体上

④在眼珠的针插位置涂胶水，插入固定

⑤在鼻子、嘴巴、耳朵内侧的指定位置刺绣（参照p.63）

白长臂猿

图片 ❖ p.14

线材　DMC 25号刺绣线 / 米色系（712）…3.5支、灰色系（3799）、白色系（BLANC）…各0.5支、黑色系（310）…少许

其他　日本编织协会 眼珠（直插形）/ 黑色（3.5mm）…2个、填充棉…适量

钩针　钩针2/0号、蕾丝针6号

成品尺寸　参照图解

身体

手的缝合位置　前中心　手的缝合位置　后中心

⑰ ⑮ ⑩ ⑥

脚的缝合位置

身体的针数表

行数	针数	加减针
15~17	12	
14	12	−6
13	18	−6
5~12	24	
4	24	+6
3	18	+6
2	12	+6
1	6	

※钩织结束后，塞入填充棉，上面的4~5行不填充

脚 ※钩至第15行　2个
手 ※钩至第24行　2个

手（脚）背　手掌 脚掌

脚 手

⑮ ㉔ ⑭ ㉓ ⑬ ㉒ ⑫ ㉑ ⑥

脚的针数表

行数	针数	减针
14、15	参照图解	
6~13	6	
5	6	−2
1~4	8	

手的针数表

行数	针数	减针
23、24	参照图解	
6~22	6	
5	6	−2
1~4	8	

※钩织结束后，将最终行的手（脚）背与手（脚）掌重叠，中心缝合固定

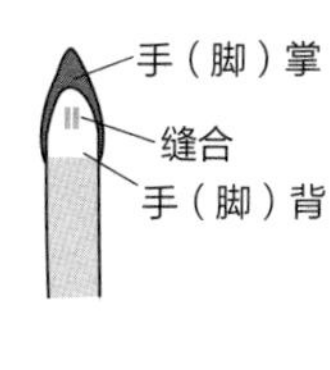
手（脚）掌
缝合
手（脚）背

头部

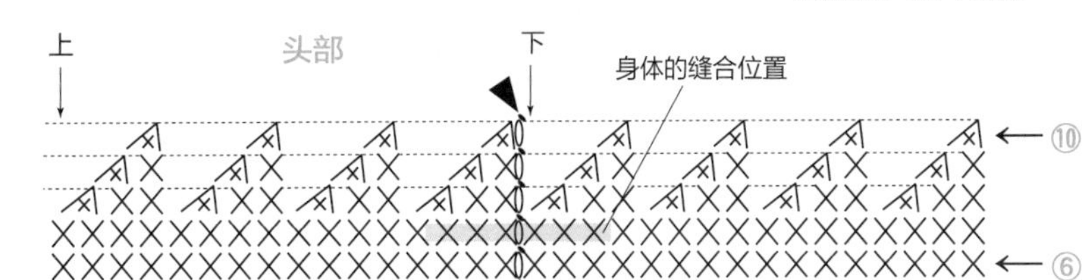
上
下
身体的缝合位置
⑩
⑥

嘴周的缝合位置

嘴巴直线绣

眼周的缝合位置

头部的针数表

行数	针数	加减针
10	8	−8
9	16	−8
8	24	−8
5~7	32	
4	32	+8
3	24	+8
2	16	+8
1	8	

※钩织过程中塞入填充棉，将线头穿入最终行的针脚并拉紧

各部分的配色表

部位	线	色号
头部		712
		BLANC
脚、手		3799
		BLANC
		712
身体		712
眼周、嘴周		3799

※除指定外均用2/0号钩针钩织

※眼周…将线分成3股后用6号蕾丝针钩织

眼周　2片

①
环

嘴周

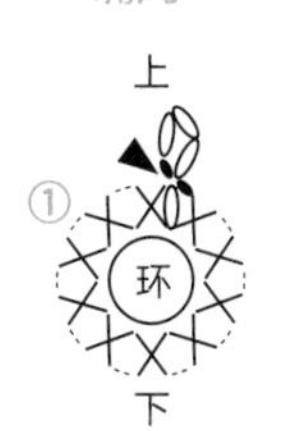
上
①
环
下

组合方法

正视图

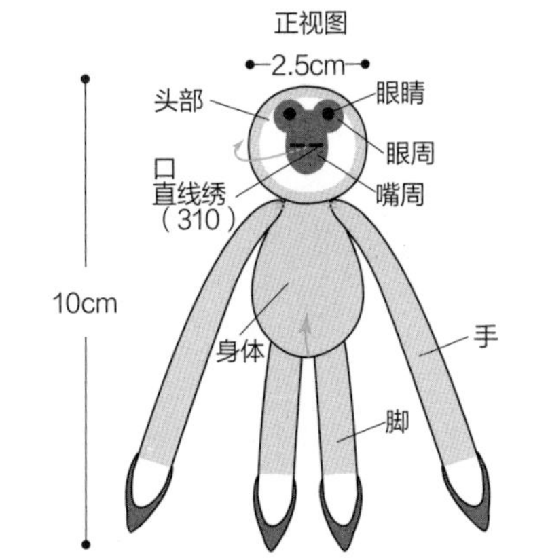
2.5cm
头部
眼睛
眼周
口
直线绣
（310）
嘴周
10cm
身体
手
脚

后视图

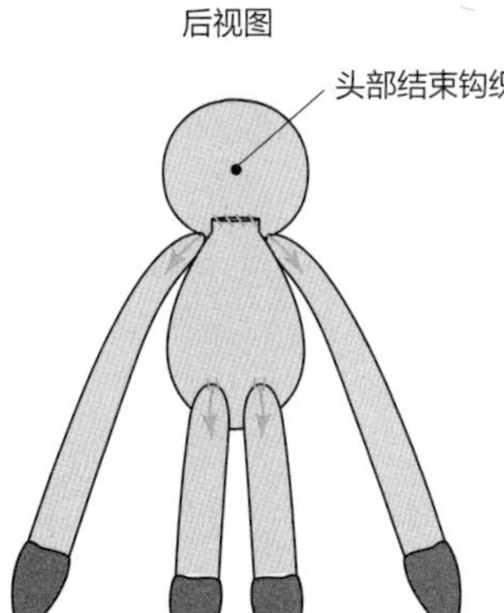
头部结束钩织的位置

组合顺序

①身体钩织结束后并拢，缝合固定在头部的指定位置
②将手、脚缝合固定在身体的指定位置
③将眼周、嘴周缝合固定在头部的指定位置
④在眼珠的针插位置涂胶水，插入固定
⑤在嘴巴的指定位置绣直线绣（参照p.63）

墨西哥食蚁兽

图片 ❖ p.15

a 款线材　DMC 25 号刺绣线 / 白色系（3865）…1.5 支、黑色系（310）、渐变灰色系（53）…各 0.5 支、紫红色系（221）…少许

b 款线材　DMC 25 号刺绣线 / 白色系（3865）…2.5 支、黑色系（310）…1 支、渐变灰色系（53）…0.5 支、紫红色系（221）…少许

其他　a 日本编织协会 眼珠（直插形）/ 黑色（2mm）…2 个、填充棉…适量

　　　b 日本编织协会 眼珠（直插形）/ 黑色（3mm）…2 个、填充棉…适量

钩针　钩针 2/0 号、蕾丝针 2 号

成品尺寸（通用）　参照图解

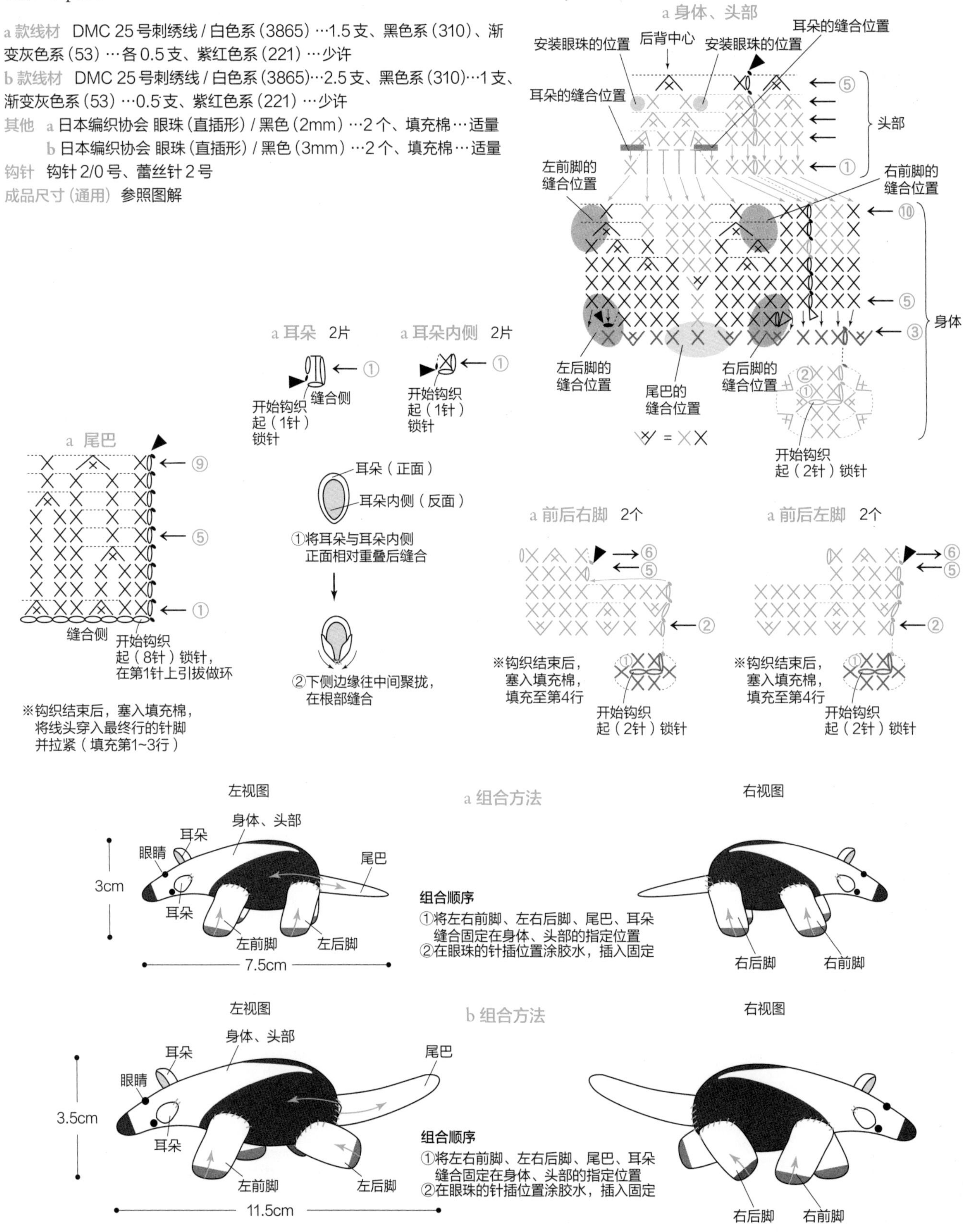
a 身体、头部
安装眼珠的位置
后背中心
安装眼珠的位置
耳朵的缝合位置
耳朵的缝合位置
头部
左前脚的缝合位置
右前脚的缝合位置
身体
左后脚的缝合位置
尾巴的缝合位置
右后脚的缝合位置
开始钩织起（2针）锁针
a 耳朵　2片
缝合侧
开始钩织起（1针）锁针
a 耳朵内侧　2片
开始钩织起（1针）锁针
耳朵（正面）
耳朵内侧（反面）
①将耳朵与耳朵内侧正面相对重叠后缝合
②下侧边缘往中间聚拢，在根部缝合
a 尾巴
缝合侧
开始钩织起（8针）锁针，在第1针上引拔做环
※钩织结束后，塞入填充棉，将线头穿入最终行的针脚并拉紧（填充第1~3行）
a 前后右脚　2个
※钩织结束后，塞入填充棉，填充至第4行
开始钩织起（2针）锁针
a 前后左脚　2个
※钩织结束后，塞入填充棉，填充至第4行
开始钩织起（2针）锁针
a 组合方法
左视图
身体、头部
耳朵
眼睛
尾巴
3cm
耳朵
左前脚
左后脚
7.5cm
组合顺序
①将左右前脚、左右后脚、尾巴、耳朵缝合固定在身体、头部的指定位置
②在眼珠的针插位置涂胶水，插入固定
右视图
右后脚
右前脚
b 组合方法
左视图
身体、头部
耳朵
眼睛
尾巴
3.5cm
耳朵
左前脚
左后脚
11.5cm
组合顺序
①将左右前脚、左右后脚、尾巴、耳朵缝合固定在身体、头部的指定位置
②在眼珠的针插位置涂胶水，插入固定
右视图
右后脚
右前脚

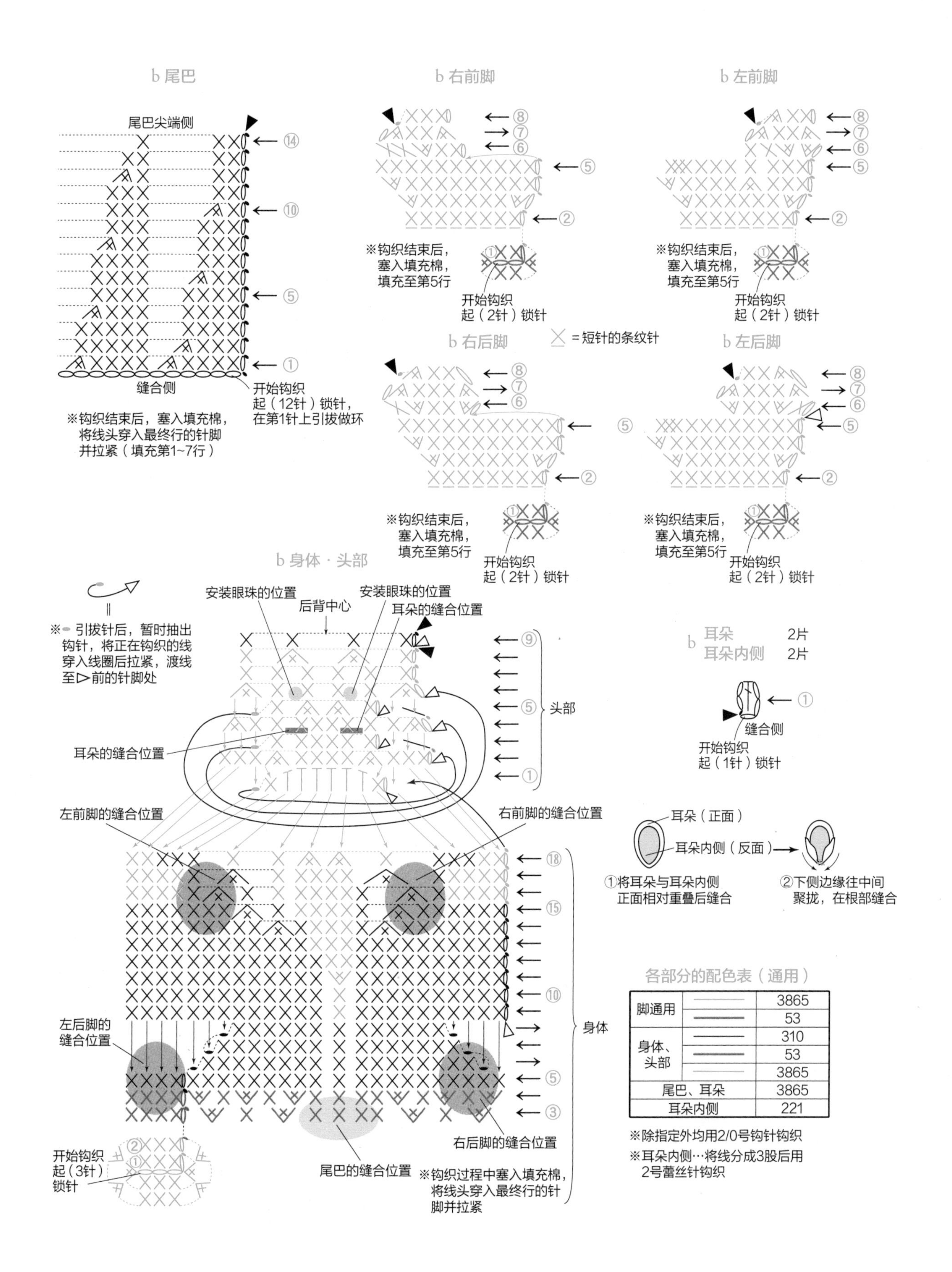
b 尾巴
尾巴尖端侧
缝合侧
开始钩织
起（12针）锁针，
在第1针上引拔做环
※钩织结束后，塞入填充棉，
将线头穿入最终行的针脚
并拉紧（填充第1~7行）
b 右前脚
※钩织结束后，
塞入填充棉，
填充至第5行
开始钩织
起（2针）锁针
b 左前脚
※钩织结束后，
塞入填充棉，
填充至第5行
开始钩织
起（2针）锁针
b 右后脚
= 短针的条纹针
b 左后脚
※钩织结束后，
塞入填充棉，
填充至第5行
开始钩织
起（2针）锁针
※钩织结束后，
塞入填充棉，
填充至第5行
开始钩织
起（2针）锁针
b 身体・头部
※ 引拔针后，暂时抽出
钩针，将正在钩织的线
穿入线圈后拉紧，渡线
至▷前的针脚处
安装眼珠的位置
后背中心
安装眼珠的位置
耳朵的缝合位置
头部
耳朵的缝合位置
左前脚的缝合位置
右前脚的缝合位置
左后脚的
缝合位置
身体
开始钩织
起（3针）
锁针
尾巴的缝合位置
右后脚的缝合位置
※钩织过程中塞入填充棉，
将线头穿入最终行的针
脚并拉紧
b 耳朵 2片
耳朵内侧 2片
缝合侧
开始钩织
起（1针）锁针
耳朵（正面）
耳朵内侧（反面）
①将耳朵与耳朵内侧
正面相对重叠后缝合
②下侧边缘往中间
聚拢，在根部缝合
各部分的配色表（通用）
※除指定外均用2/0号钩针钩织
※耳朵内侧…将线分成3股后用
2号蕾丝针钩织

各部分的配色表（通用）

部位		色号
脚通用		3865
		53
身体、头部		310
		53
		3865
尾巴、耳朵		3865
耳朵内侧		221

高冠变色龙

图片 ❖ p.16

a 款线材 DMC 25 号刺绣线 / 绿色系（703）…2 支、黄色系（17）…0.5 支
b 款线材 DMC 25 号刺绣线 / 黄绿色系（16）…2 支、浅黄色系（3047）…0.5 支
其他（通用）日本编织协会 眼珠（直插形）/ 黑色（2mm）…各 2 个、填充棉…适量
钩针 蕾丝针 0 号
成品尺寸（通用）参照图解

各部分的配色表

部位		a	b
主体、头部	——	17	3047
	——	703	16
眼周、脚		703	16

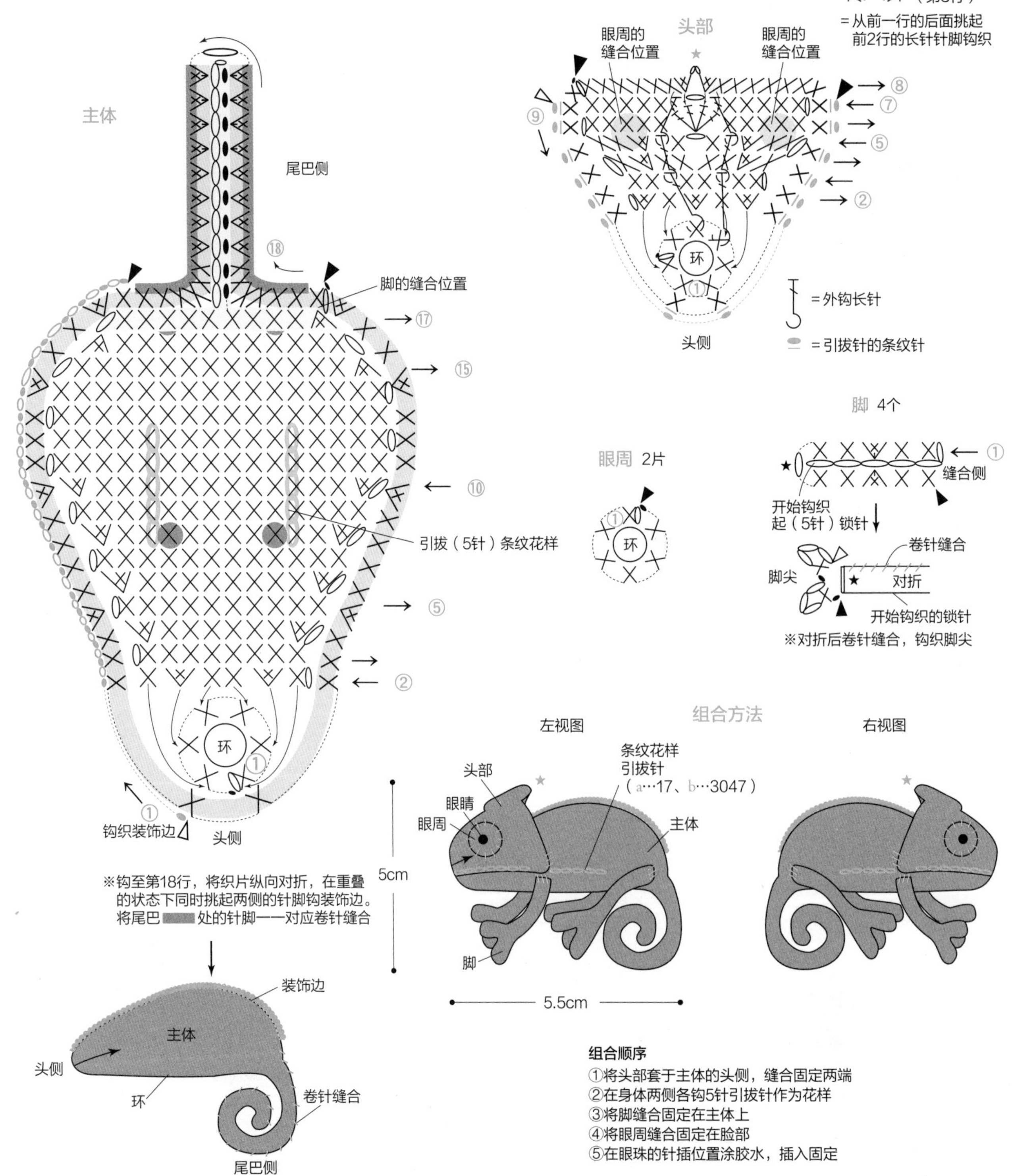
主体
尾巴侧
⑱
脚的缝合位置
⑰
⑮
⑩
引拔（5针）条纹花样
⑤
②
环
①
钩织装饰边
头侧
※钩至第18行，将织片纵向对折，在重叠的状态下同时挑起两侧的针脚钩装饰边。将尾巴 处的针脚一一对应卷针缝合
装饰边
主体
头侧
环
卷针缝合
尾巴侧
5cm
（第8行）
=从前一行的后面挑起前2行的长针针脚钩织
头部
眼周的缝合位置
眼周的缝合位置
⑨
⑧
⑦
⑤
②
①
头侧
=外钩长针
=引拔针的条纹针
脚 4个
①
缝合侧
开始钩织起（5针）锁针
卷针缝合
脚尖
对折
开始钩织的锁针
※对折后卷针缝合，钩织脚尖
眼周 2片
环
组合方法
左视图
右视图
头部
眼睛
眼周
条纹花样引拔针（a…17、b…3047）
主体
脚
5.5cm

组合顺序

①将头部套于主体的头侧，缝合固定两端
②在身体两侧各钩5针引拔针作为花样
③将脚缝合固定在主体上
④将眼周缝合固定在脸部
⑤在眼珠的针插位置涂胶水，插入固定

鲸头鹳

图片 ❖ p.17　重点课程 ❖ p.31

线材　DMC 25号刺绣线 / 灰色系（03）…1.5支、灰色系（01）、浅绿色系（926）、浅黄色系（3047）、藏青色系（3768）、灰色系（3799）…各0.5支

其他　日本编织协会 眼珠（直插形）/ 黑色（2.5mm）…2个、造花白色纸包铁丝（#26）…36cm×1根、填充棉…适量

钩针　蕾丝针0号

成品尺寸　参照图解

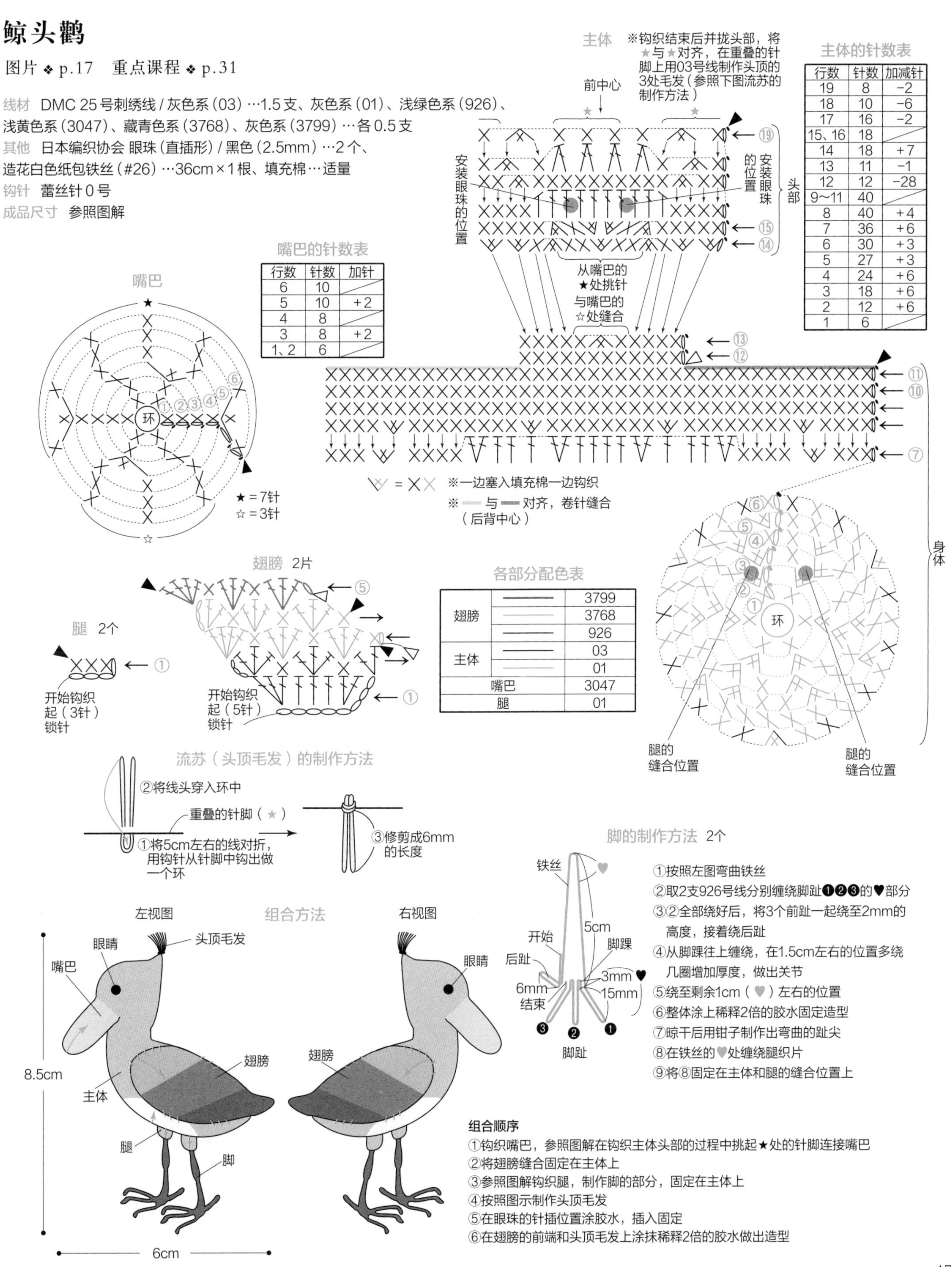

主体
※钩织结束后并拢头部，将★与★对齐，在重叠的针脚上用03号线制作头顶的3处毛发（参照下图流苏的制作方法）
前中心
安装眼珠的位置
安装眼珠的位置
头部
从嘴巴的★处挑针
与嘴巴的☆处缝合
身体
※一边塞入填充棉一边钩织
※ 与 对齐，卷针缝合（后背中心）
腿的缝合位置
腿的缝合位置
环
嘴巴
★=7针
☆=3针
翅膀 2片
开始钩织起（5针）锁针
腿 2个
开始钩织起（3针）锁针
流苏（头顶毛发）的制作方法
①将5cm左右的线对折，用钩针从针脚中钩出做一个环
②将线头穿入环中
重叠的针脚（★）
③修剪成6mm的长度
脚的制作方法 2个
铁丝
开始
后趾
6mm
结束
5cm
脚踝
3mm
15mm
脚趾
组合方法
左视图
右视图
眼睛
头顶毛发
嘴巴
翅膀
主体
腿
脚
8.5cm
6cm

主体的针数表

行数	针数	加减针
19	8	−2
18	10	−6
17	16	−2
15、16	18	
14	18	+7
13	11	−1
12	12	−28
9~11	40	
8	40	+4
7	36	+6
6	30	+3
5	27	+3
4	24	+6
3	18	+6
2	12	+6
1	6	

嘴巴的针数表

行数	针数	加针
6	10	
5	10	+2
4	8	
3	8	+2
1、2	6	

各部分配色表

翅膀		3799
		3768
		926
主体		03
		01
嘴巴		3047
腿		01

①按照左图弯曲铁丝
②取2支926号线分别缠绕脚趾❶❷❸的♥部分
③②全部绕好后，将3个前趾一起绕至2mm的高度，接着绕后趾
④从脚踝往上缠绕，在1.5cm左右的位置多绕几圈增加厚度，做出关节
⑤绕至剩余1cm（♥）左右的位置
⑥整体涂上稀释2倍的胶水固定造型
⑦晾干后用钳子制作出弯曲的趾尖
⑧在铁丝的♥处缠绕腿织片
⑨将⑧固定在主体和腿的缝合位置上

组合顺序

①钩织嘴巴，参照图解在钩织主体头部的过程中挑起★处的针脚连接嘴巴
②将翅膀缝合固定在主体上
③参照图解钩织腿，制作脚的部分，固定在主体上
④按照图示制作头顶毛发
⑤在眼珠的针插位置涂胶水，插入固定
⑥在翅膀的前端和头顶毛发上涂抹稀释2倍的胶水做出造型

蛇鹫

图片 ❖ p.18

线材　DMC 25号刺绣线 / 白色系（3865）…1.5支、灰色系（01）…1支、灰色系（02）、黑色系（310）…各0.5支、橙色系（721）、浅橙色系（3856）…各少许

其他　日本编织协会 眼珠（直插形）/ 黑色（2.5mm）…2个、造花白色纸包铁丝（#26）…36cm × 1根、填充棉…适量

钩针　蕾丝针0号

成品尺寸　参照图解

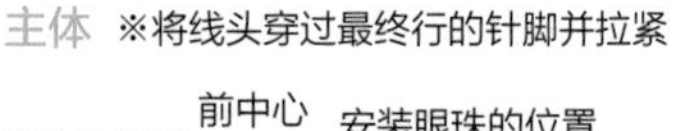
主体 ※将线头穿过最终行的针脚并拉紧

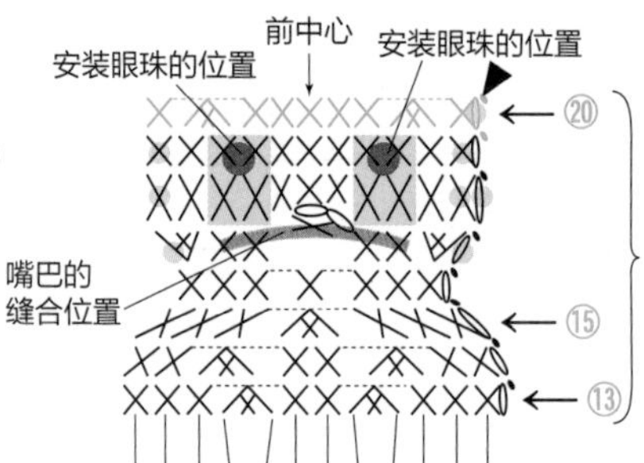
前中心
安装眼珠的位置
安装眼珠的位置
嘴巴的
缝合位置
⑳
⑮
⑬
头部

头顶毛发

※将02号线分成3股，制作8根

1.5cm

6cm

用黑色油性笔涂黑

● = 安装头顶毛发的位置（8处）

※根据流苏的制作方法安装8处头顶毛发（参照下图）

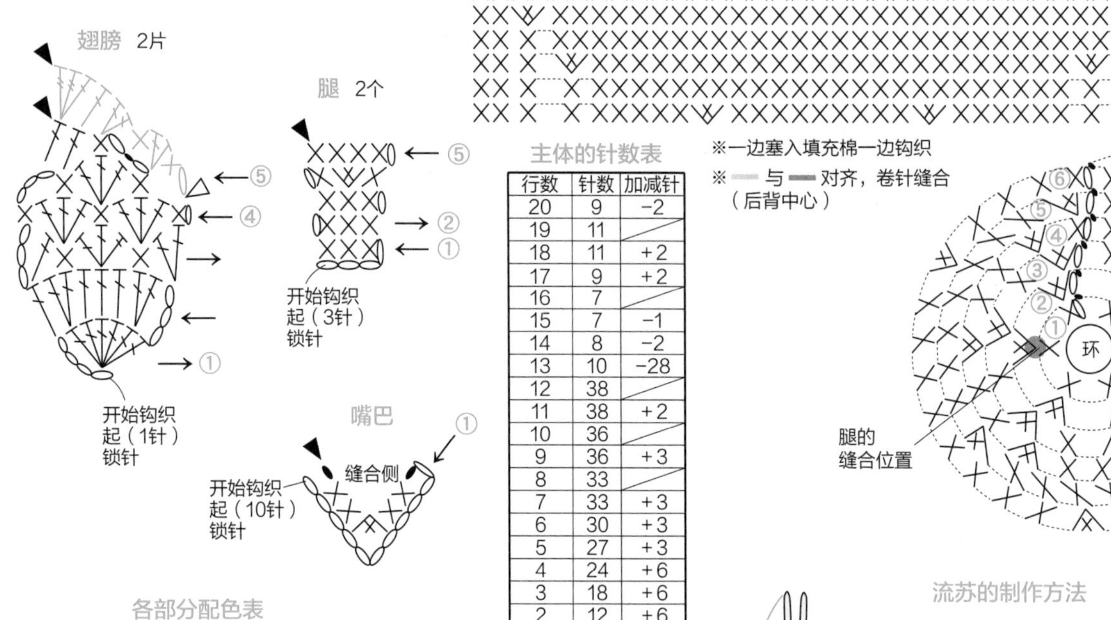
⑫
⑩
⑦
翅膀 2片
⑤
④
①
开始钩织
起（1针）
锁针
腿 2个
⑤
②
①
开始钩织
起（3针）
锁针
嘴巴
①
缝合侧
开始钩织
起（10针）
锁针

主体的针数表

行数	针数	加减针
20	9	−2
19	11	
18	11	+2
17	9	+2
16	7	
15	7	−1
14	8	−2
13	10	−28
12	38	
11	38	+2
10	36	
9	36	+3
8	33	
7	33	+3
6	30	+3
5	27	+3
4	24	+6
3	18	+6
2	12	+6
1	6	

※一边塞入填充棉一边钩织

※ ▬ 与 ▬ 对齐，卷针缝合（后背中心）

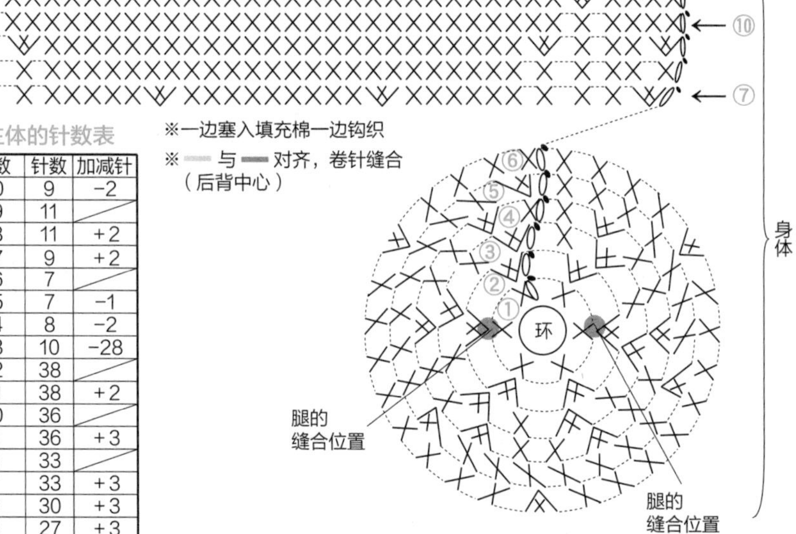
⑥
⑤
④
③
②
①
环
腿的
缝合位置
腿的
缝合位置
身体

各部分配色表

部分	线	色号
主体	——	01
	——	721
	——	3865
翅膀	——	310
	——	01
嘴巴		02
腿		310

流苏的制作方法

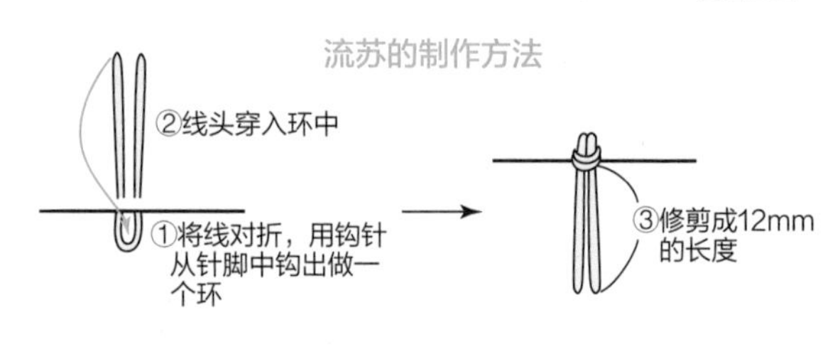
②线头穿入环中
①将线对折，用钩针从针脚中钩出做一个环
③修剪成12mm的长度

组合方法

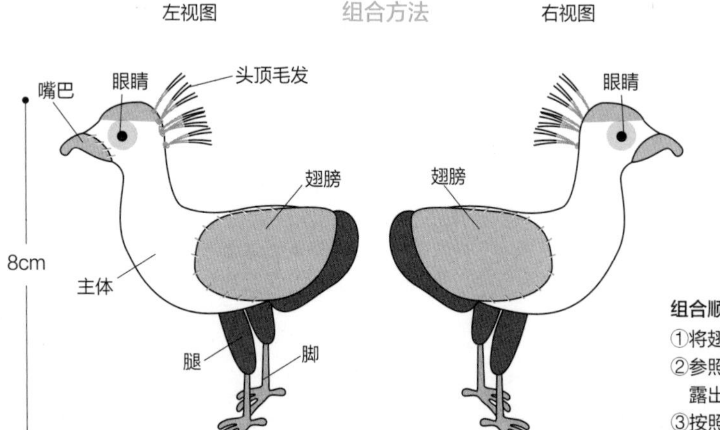
左视图
右视图
嘴巴
眼睛
头顶毛发
眼睛
翅膀
翅膀
8cm
主体
腿
脚
5.5cm

脚的制作方法　2个

铁丝

5cm

开始

脚踝

后趾

2mm♥

6mm

8mm

结束

❸ ❷ ❶

脚趾

①按照左图弯曲铁丝

②取2支3856号线分别缠绕脚趾❶❷❸的♥部分

③ ②全部绕好后，将3个前趾一起绕至2mm的高度，接着绕后趾

④从脚踝往上缠绕至剩余2cm（♥）左右的位置

⑤整体涂上稀释2倍的胶水固定造型

⑥在铁丝的♥处缠绕腿织片（上方露出少许铁丝）

组合顺序

①将翅膀缝合固定在主体上

②参照图解钩织腿，制作脚的部分，固定在主体上露出的铁丝部分涂胶水，插入主体中

③按照图示制作头顶毛发

④在眼珠的针插位置涂胶水，插入固定

⑤在嘴巴上涂抹稀释2倍的胶水做出造型

霍加狓

图片 ❖ p.19

线材 DMC 25号刺绣线 / 茶色系（898）…1.5支、米色系（712）、茶色系（3371）…各1支

其他 日本编织协会 眼珠（直插形）/ 黑色（2.5mm）…2个、填充棉…适量

钩针 蕾丝针0号

成品尺寸 参照图解

各部分的配色表

脸部		898
		712
		3371
前脚、后脚		3371
		712
主体、尾巴		898
耳朵		3371

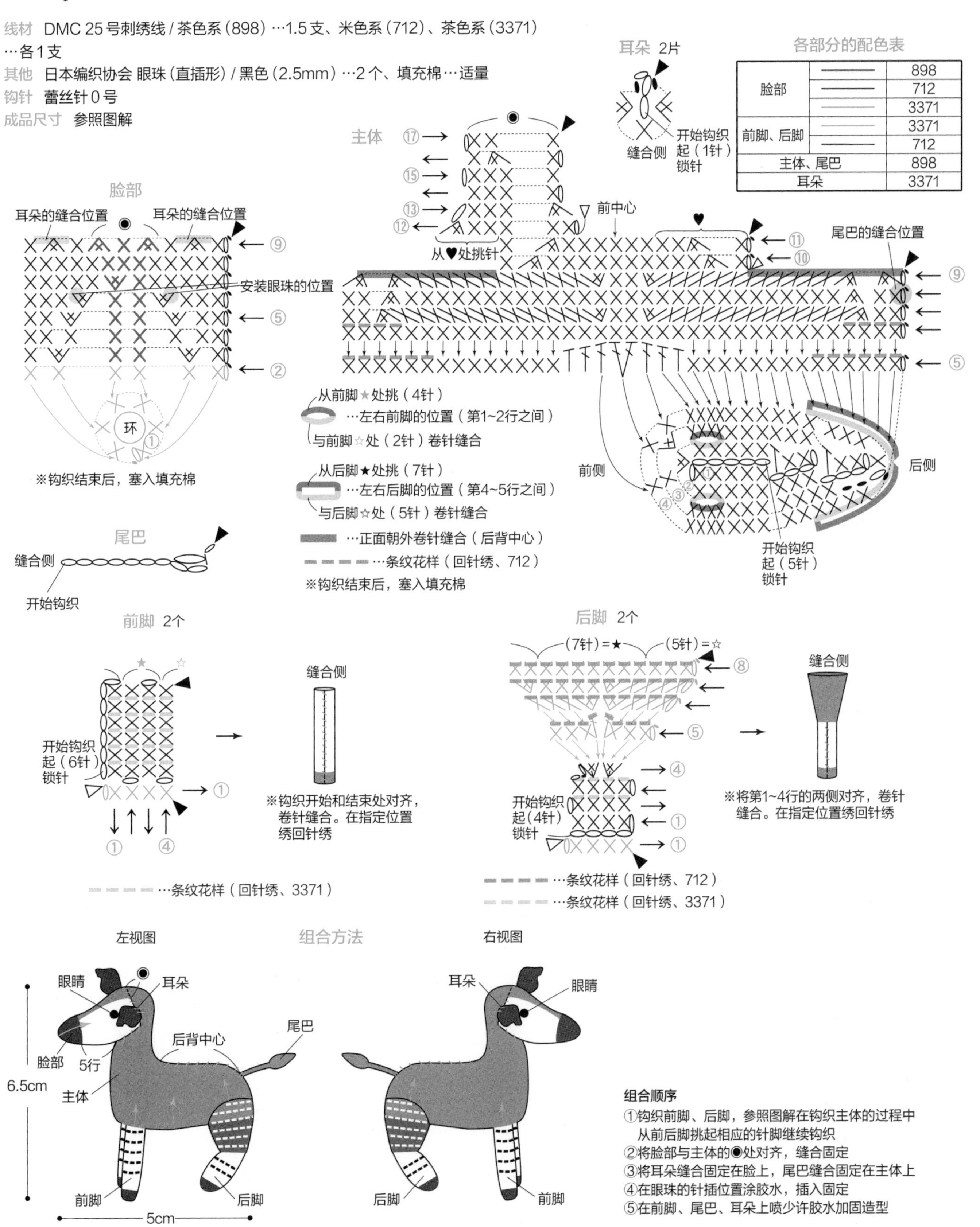

耳朵 2片
开始钩织
起（1针）
锁针
缝合侧
主体
⑰
⑮
⑬
⑫
从♥处挑针
前中心
⑪
⑩
⑨
⑤
尾巴的缝合位置
脸部
耳朵的缝合位置
耳朵的缝合位置
安装眼珠的位置
②
环
①
※钩织结束后，塞入填充棉
从前脚★处挑（4针）
…左右前脚的位置（第1~2行之间）
与前脚☆处（2针）卷针缝合
从后脚★处挑（7针）
…左右后脚的位置（第4~5行之间）
与后脚☆处（5针）卷针缝合
…正面朝外卷针缝合（后背中心）
…条纹花样（回针绣、712）
※钩织结束后，塞入填充棉
前侧
后侧
开始钩织
起（5针）
锁针
尾巴
缝合侧
开始钩织
前脚 2个
开始钩织
起（6针）
锁针
缝合侧
※钩织开始和结束处对齐，卷针缝合。在指定位置绣回针绣
…条纹花样（回针绣、3371）
后脚 2个
（7针）=★
（5针）=☆
⑧
④
开始钩织
起（4针）
锁针
缝合侧
※将第1~4行的两侧对齐，卷针缝合。在指定位置绣回针绣
…条纹花样（回针绣、712）
…条纹花样（回针绣、3371）
左视图
组合方法
右视图
眼睛
耳朵
脸部
5行
后背中心
尾巴
主体
6.5cm
前脚
后脚
5cm

组合顺序

①钩织前脚、后脚，参照图解在钩织主体的过程中从前后脚挑起相应的针脚继续钩织

②将脸部与主体的◉处对齐，缝合固定

③将耳朵缝合固定在脸上，尾巴缝合固定在主体上

④在眼珠的针插位置涂胶水，插入固定

⑤在前脚、尾巴、耳朵上喷少许胶水加固造型

耳廓狐

图片 ❖ p.20

线材　DMC 25号刺绣线 / 茶色系（435）…4支、茶色系（801）、浅粉色系（818）、白色系（3865）…各0.5支、茶色系（3371）…少许
其他　日本编织协会 眼珠（直插形、椭圆）/ 黑色（4.5mm）…2个、填充棉…适量
钩针　钩针2/0号
成品尺寸　参照图解

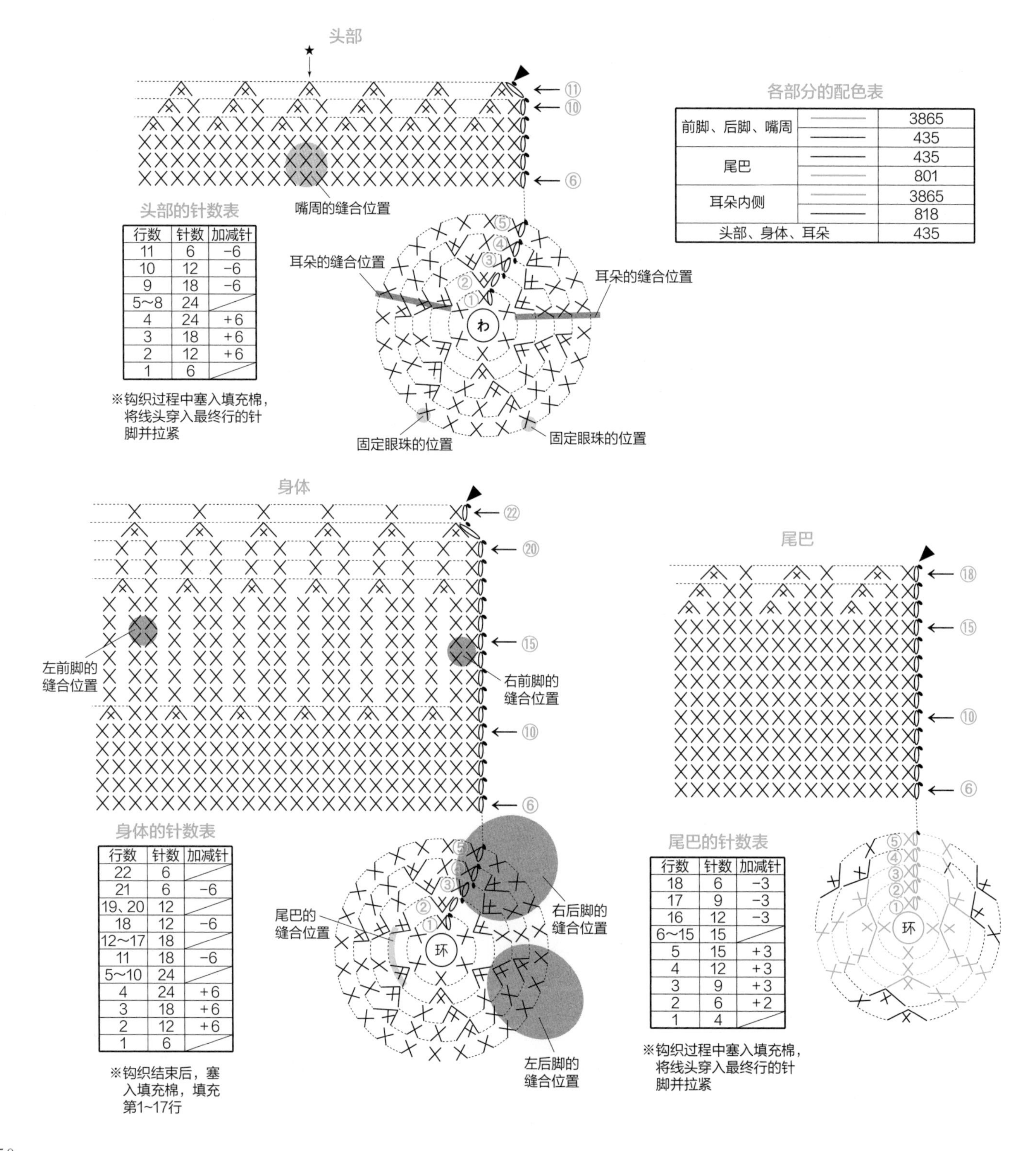

头部
嘴周的缝合位置
耳朵的缝合位置
耳朵的缝合位置
わ
固定眼珠的位置
固定眼珠的位置
身体
左前脚的缝合位置
右前脚的缝合位置
尾巴的缝合位置
右后脚的缝合位置
左后脚的缝合位置
环
尾巴
环

各部分的配色表

部分	颜色
前脚、后脚、嘴周	3865
	435
尾巴	435
	801
耳朵内侧	3865
	818
头部、身体、耳朵	435

头部的针数表

行数	针数	加减针
11	6	−6
10	12	−6
9	18	−6
5~8	24	
4	24	+6
3	18	+6
2	12	+6
1	6	

※钩织过程中塞入填充棉，将线头穿入最终行的针脚并拉紧

身体的针数表

行数	针数	加减针
22	6	
21	6	−6
19、20	12	
18	12	−6
12~17	18	
11	18	−6
5~10	24	
4	24	+6
3	18	+6
2	12	+6
1	6	

※钩织结束后，塞入填充棉，填充第1~17行

尾巴的针数表

行数	针数	加减针
18	6	−3
17	9	−3
16	12	−3
6~15	15	
5	15	+3
4	12	+3
3	9	+3
2	6	+2
1	4	

※钩织过程中塞入填充棉，将线头穿入最终行的针脚并拉紧

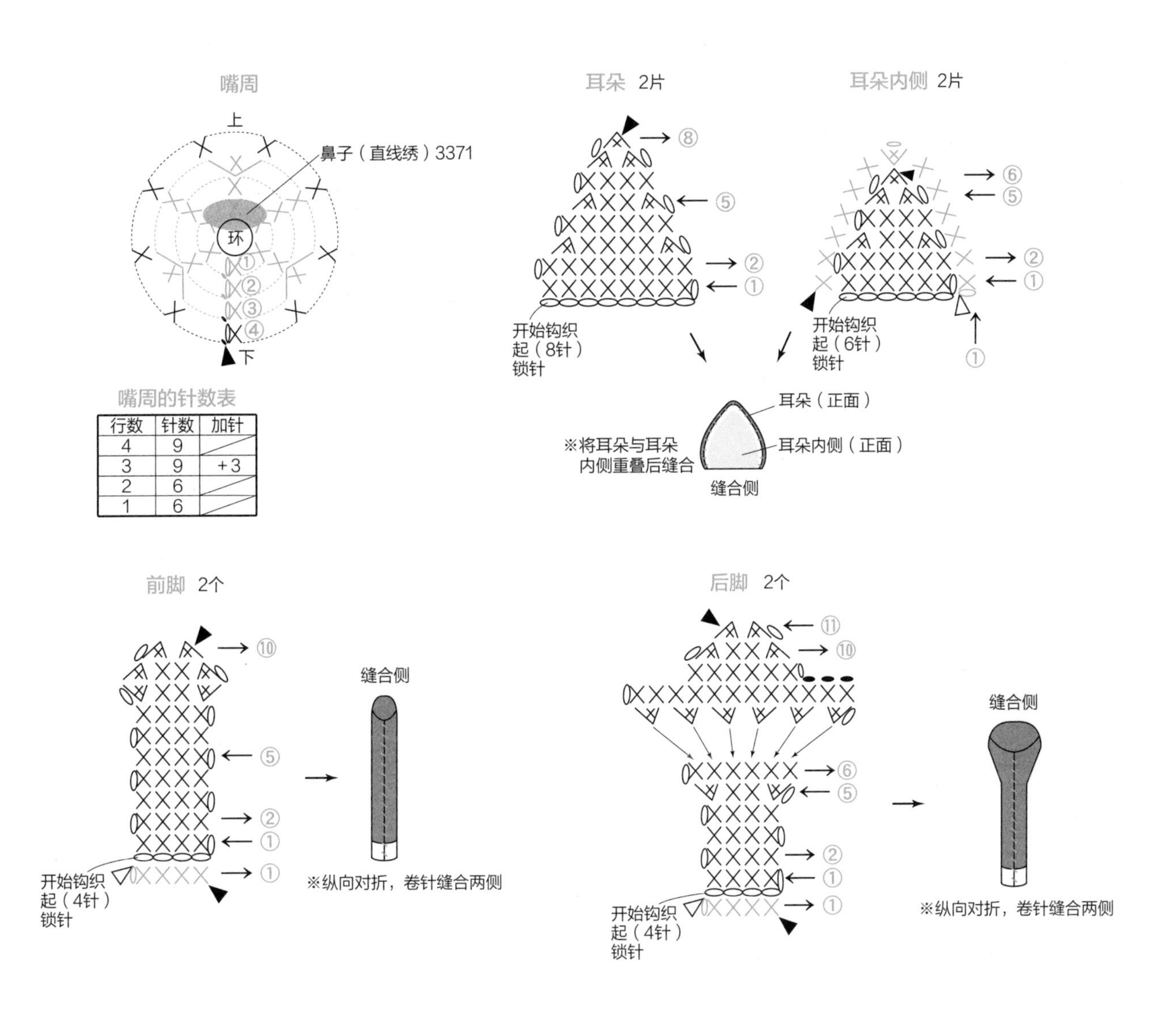
嘴周
上
鼻子（直线绣）3371
环
下
耳朵 2片
开始钩织
起（8针）
锁针
耳朵内侧 2片
开始钩织
起（6针）
锁针
耳朵（正面）
※将耳朵与耳朵
内侧重叠后缝合
耳朵内侧（正面）
缝合侧
前脚 2个
开始钩织
起（4针）
锁针
缝合侧
※纵向对折，卷针缝合两侧
后脚 2个
开始钩织
起（4针）
锁针
缝合侧
※纵向对折，卷针缝合两侧

嘴周的针数表

行数	针数	加针
4	9	
3	9	+3
2	6	
1	6	

组合方法

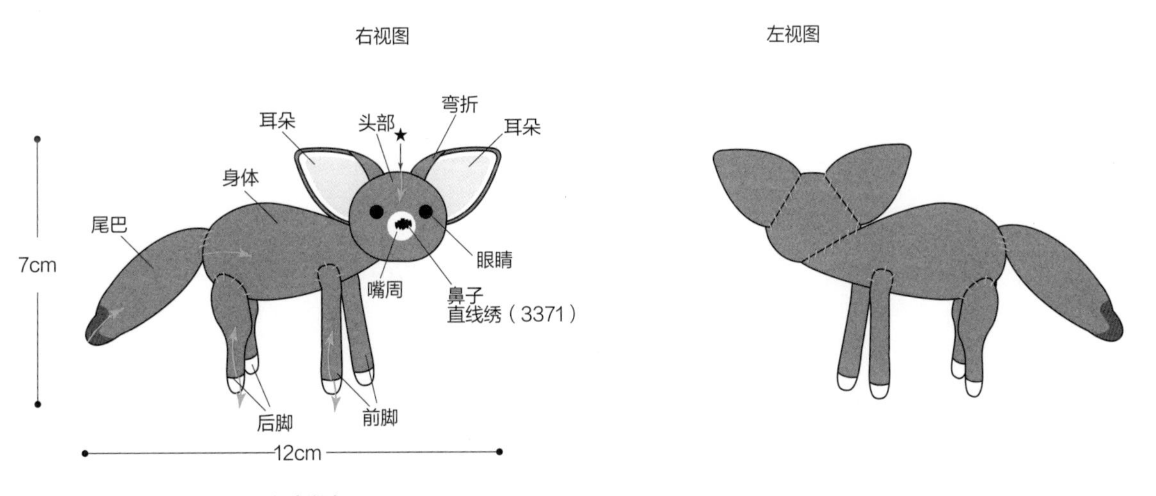
右视图
左视图
耳朵
头部
弯折
耳朵
身体
尾巴
7cm
眼睛
嘴周
鼻子
直线绣（3371）
后脚
前脚
12cm

组合顺序

①在头部缝合固定耳朵、嘴周

②将头部横侧着缝合在身体上。接着在身体上缝合尾巴、左右前脚、左右后脚

③在眼珠的针插位置涂胶水，插入固定

④在嘴周的第1行绣数针直线绣（参照p.63）作为鼻子

环尾狐猴

图片 ❖ p.21

线材 DMC 25号刺绣线 / 白色系（BLANC）、米色系（06）…各2支、黑色系（310）、浅茶色系（451）…各1支、灰色系（535）、橙色系（742）…各0.5支
其他 日本编织协会 眼珠（直插形）/ 黑色（2mm）…2个、填充棉…适量
钩针 钩针2/0号、蕾丝针2号
成品尺寸 参照图解

※除指定外均用2/0号钩针钩织

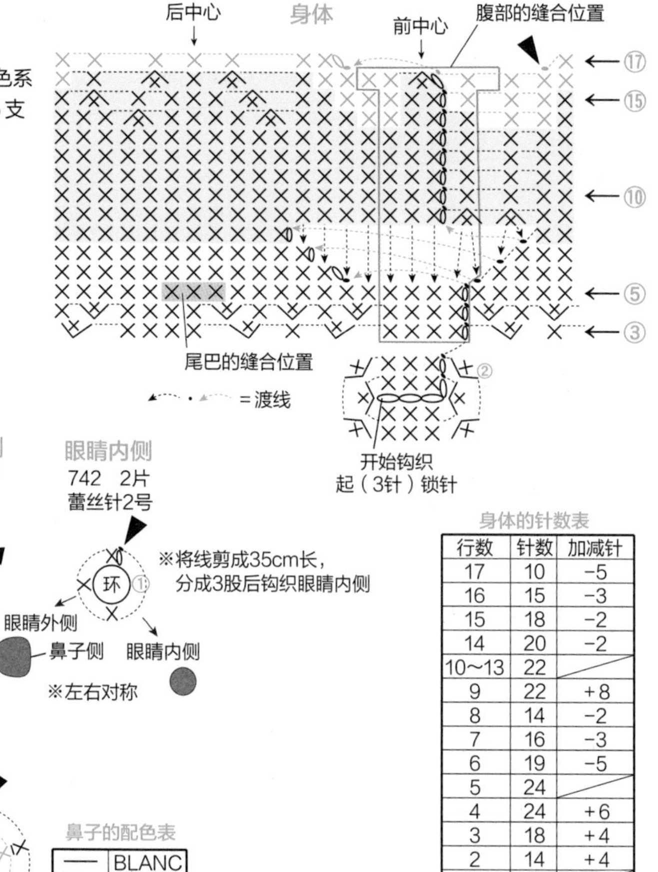

后中心
身体
前中心
腹部的缝合位置
⑰
⑮
⑩
⑤
③
尾巴的缝合位置
= 渡线
②
开始钩织
起（3针）锁针

身体的针数表

行数	针数	加减针
17	10	−5
16	15	−3
15	18	−2
14	20	−2
10～13	22	
9	22	+8
8	14	−2
7	16	−3
6	19	−5
5	24	
4	24	+6
3	18	+4
2	14	+4
1	10	

身体的配色表

——	535
——	451
——	06

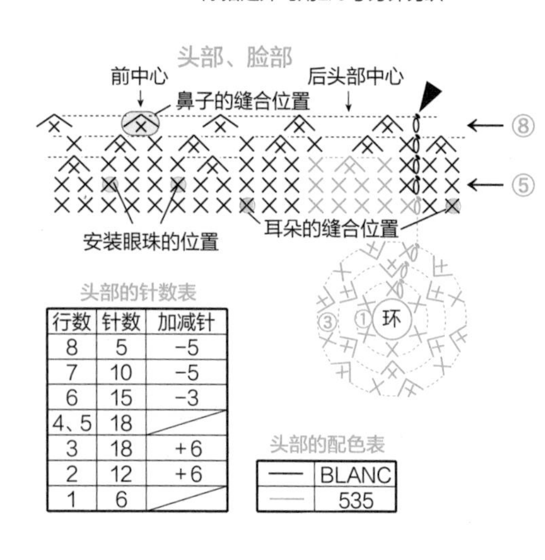

头部、脸部
前中心
鼻子的缝合位置
后头部中心
⑧
⑤
安装眼珠的位置
耳朵的缝合位置
③
①
环

头部的针数表

行数	针数	加减针
8	5	−5
7	10	−5
6	15	−3
4、5	18	
3	18	+6
2	12	+6
1	6	

头部的配色表

——	BLANC
——	535

眼睛外侧
310 2片

眼睛内侧
742 2片
蕾丝针2号

※将线剪成35cm长，分成3股后钩织眼睛内侧

眼睛外侧 — 鼻子侧　眼睛内侧

※左右对称

鼻子

鼻子的配色表

——	BLANC
——	310

耳朵外侧 BLANC
2片
①
开始钩织
起（2针）锁针

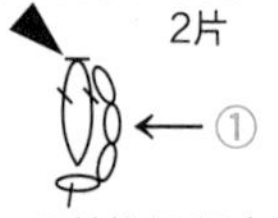

耳朵内侧 535 蕾丝针2号
2片
①
开始钩织 起（1针）锁针

※将35cm的线分成3股后钩织

耳朵的组合方法

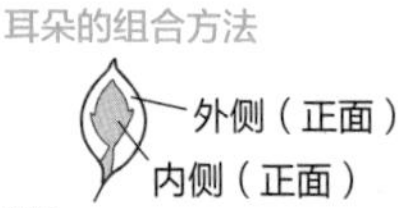

外侧（正面）
内侧（正面）

缝合位置
※*将内侧（正面）重叠在外侧（正面）之上，缝合固定。
起针侧向中心聚拢，缝合在头部的指定位置

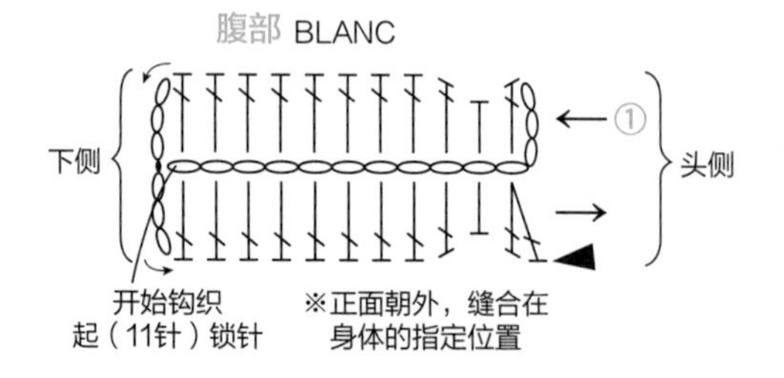

腹部 BLANC
下侧
①
头侧
开始钩织
起（11针）锁针

※正面朝外，缝合在身体的指定位置

组合方法

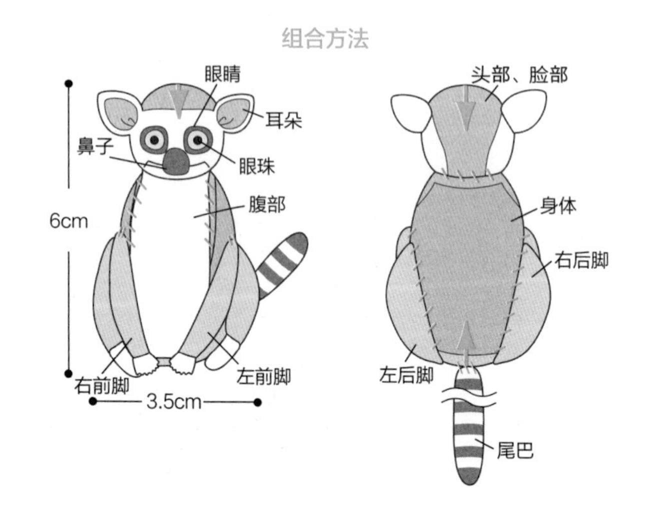

眼睛
耳朵
鼻子
眼珠
腹部
6cm
右前脚
左前脚
3.5cm
头部、脸部
身体
右后脚
左后脚
尾巴

钩织方法
①钩织各个部分
②在头部、脸部和身体中塞入填充棉，并在指定位置缝合除腹部外的其他部件
③将头部、脸部与身体缝合，并在指定位置缝合腹部
④在眼珠的针插位置涂胶水，插入固定

※前・后脚、脚背、尾巴的钩织方法参照p.56

短尾矮袋鼠

图片 ❖ p.22

线材　DMC 25号刺绣线 / 茶色系（07）…2.5支、茶色系（841）…1支、茶色系（422）、茶色系（3031）、黑色系（310）…各0.5支

其他　日本编织协会 眼珠（直插形）/ 黑色（3.5mm）…2个、填充棉…适量

钩针　蕾丝针0号

成品尺寸　参照图解

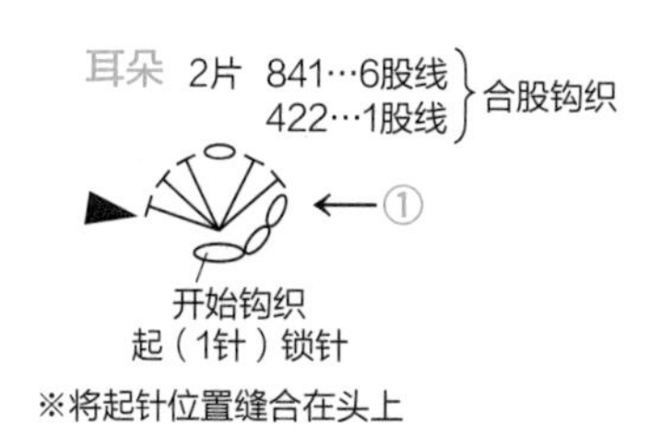

耳朵　2片　841…6股线
422…1股线
合股钩织
①
开始钩织
起（1针）锁针
※将起针位置缝合在头上

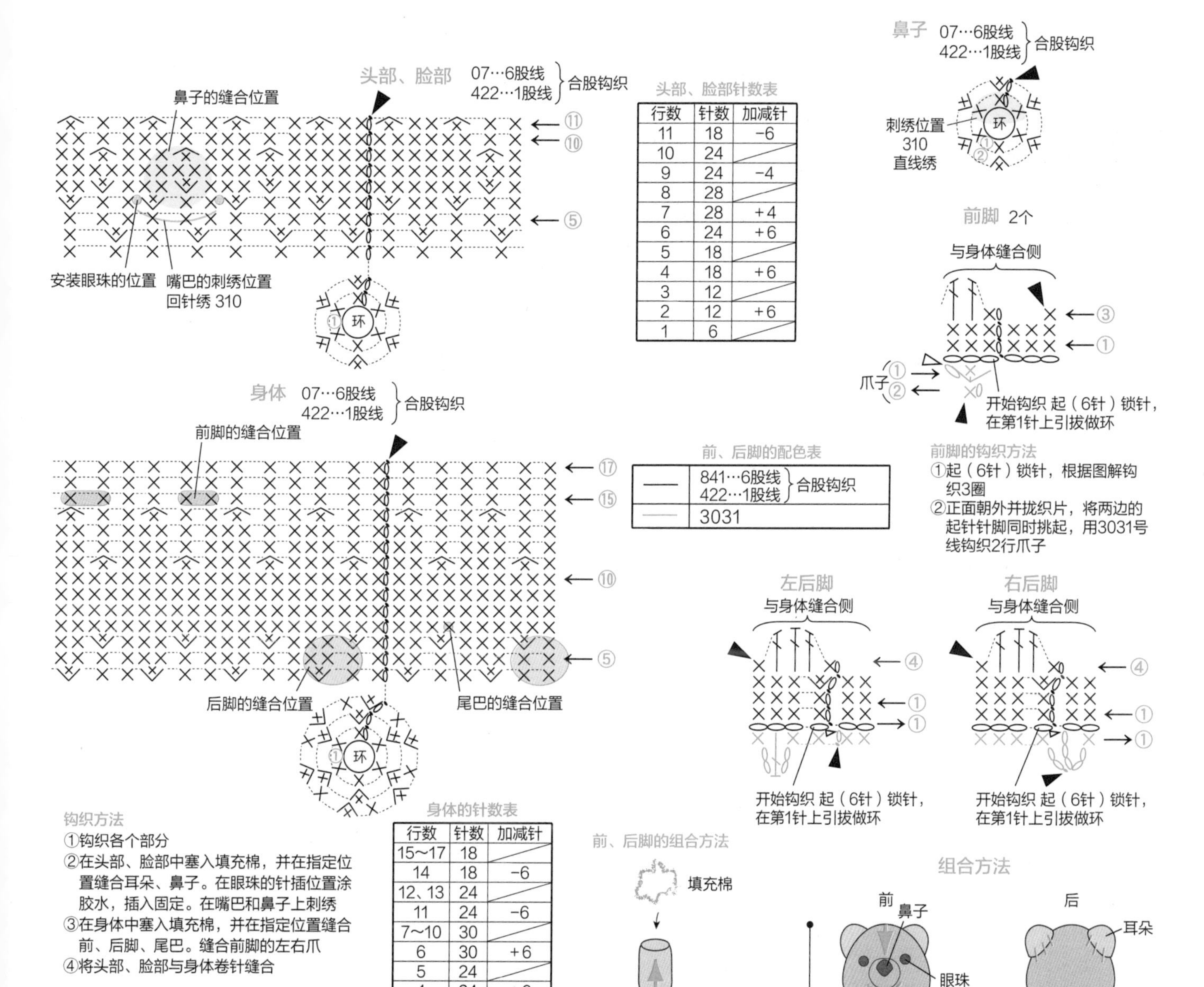

头部、脸部　07…6股线
422…1股线
合股钩织
鼻子的缝合位置
⑪
⑩
⑤
安装眼珠的位置
嘴巴的刺绣位置
回针绣 310
①
环
鼻子　07…6股线
422…1股线
合股钩织
刺绣位置
310
直线绣
环
①
②
前脚　2个
与身体缝合侧
③
①
爪子
①
②
开始钩织 起（6针）锁针，
在第1针上引拔做环
身体　07…6股线
422…1股线
合股钩织
前脚的缝合位置
⑰
⑮
⑩
⑤
后脚的缝合位置
尾巴的缝合位置
①
环
左后脚
与身体缝合侧
④
①
①
开始钩织 起（6针）锁针，
在第1针上引拔做环
右后脚
与身体缝合侧
④
①
①
开始钩织 起（6针）锁针，
在第1针上引拔做环
前、后脚的组合方法
填充棉
※塞入少量填充棉，缝合
在身体的指定位置
组合方法
前
后
鼻子
耳朵
眼珠
8.5cm
前脚
尾巴
左后脚
右后脚
3.5cm

头部、脸部针数表

行数	针数	加减针
11	18	−6
10	24	
9	24	−4
8	28	
7	28	+4
6	24	+6
5	18	
4	18	+6
3	12	
2	12	+6
1	6	

前、后脚的配色表

——	841…6股线 422…1股线	合股钩织
——	3031	

前脚的钩织方法

①起（6针）锁针，根据图解钩织3圈

②正面朝外并拢织片，将两边的起针针脚同时挑起，用3031号线钩织2行爪子

钩织方法

①钩织各个部分

②在头部、脸部中塞入填充棉，并在指定位置缝合耳朵、鼻子。在眼珠的针插位置涂胶水，插入固定。在嘴巴和鼻子上刺绣

③在身体中塞入填充棉，并在指定位置缝合前、后脚、尾巴。缝合前脚的左右爪

④将头部、脸部与身体卷针缝合

身体的针数表

行数	针数	加减针
15~17	18	
14	18	−6
12、13	24	
11	24	−6
7~10	30	
6	30	+6
5	24	
4	24	+6
3	18	+6
2	12	+6
1	6	

尾巴　841…6股线
422…1股线
合股钩织

①

开始钩织 起（12针）锁针　※将开始钩织的一侧缝合在身体上

树袋熊

图片 ❖ p.23

线材　DMC 25号刺绣线 / 灰色系（03）…4.5支、灰色系（413）、白色系（3865）…各0.5支

其他　日本编织协会 眼珠（直插形）/ 黑色（4.5mm）…2个、填充棉…适量

钩针　钩针2/0号

成品尺寸　参照图解

耳朵外侧　03

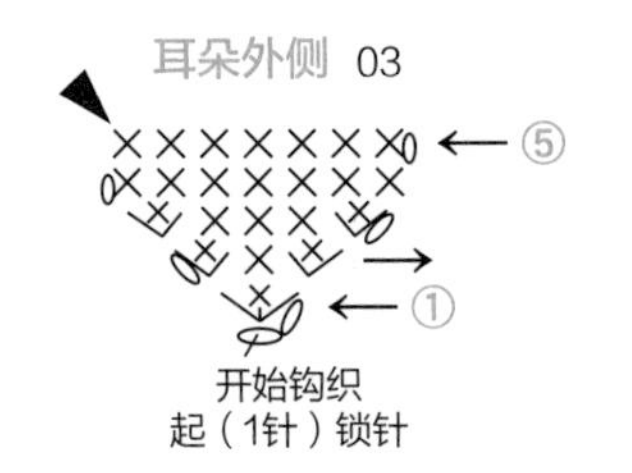

⑤
①
开始钩织
起（1针）锁针

耳朵内侧　3865

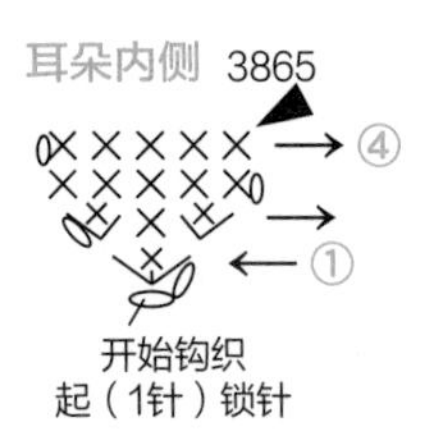

④
①
开始钩织
起（1针）锁针

头部、脸部　03

前中心

鼻子的缝合位置

后头部中心

⑮

⑩

⑤

安装眼珠的位置

耳朵的缝合位置

环

头部、脸部的针数表

行数	针数	加减针
15	8	−8
14	16	−8
13	24	−8
5~12	32	
4	32	+8
3	24	+8
2	16	+8
1	8	

耳朵的组合方法

耳朵外侧（正面）

耳朵内侧（正面）

※将耳朵内侧（正面）重叠在耳朵外侧（正面）之上，将周围缝合固定。

鼻子　413

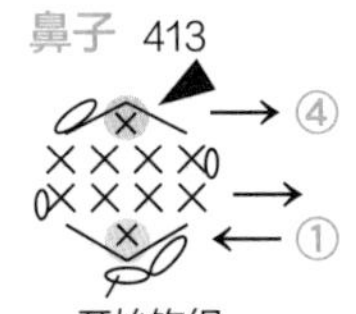

④
①
开始钩织
起（1针）锁针

= 短针1针分4针

= 短针4针并1针

身体

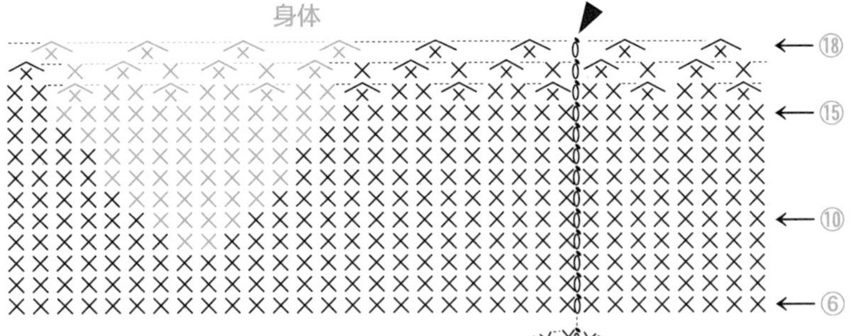

⑱
⑮
⑩
⑥

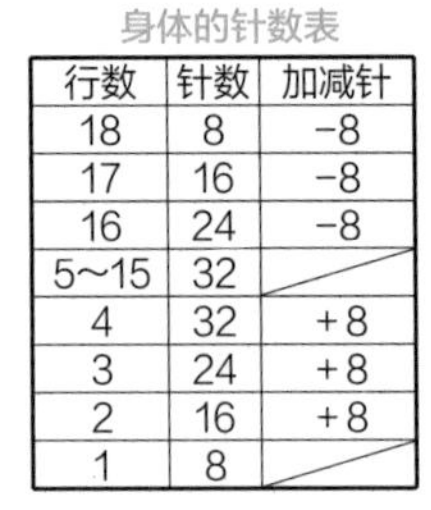

身体的针数表

行数	针数	加减针
18	8	−8
17	16	−8
16	24	−8
5~15	32	
4	32	+8
3	24	+8
2	16	+8
1	8	

身体的配色表

——	03
——	3865

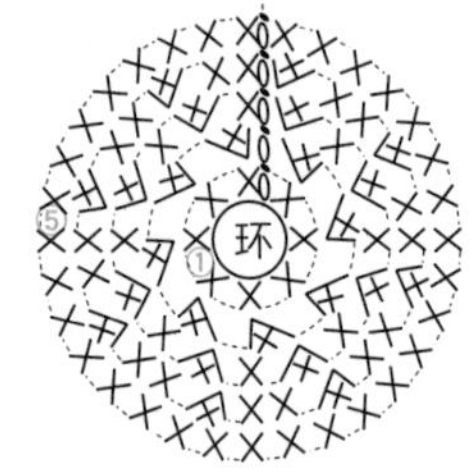

环

钩织方法

①钩织各个部分

②在头部、脸部中塞入填充棉，并在指定位置缝合耳朵、鼻子。在眼珠的针插位置涂胶水，插入固定

③在身体中塞入填充棉，并在指定位置缝合前、后脚

④将头部、脸部与身体缝合固定

脚的组合方法

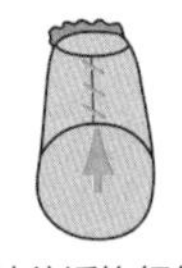

※将织片往返钩织的两侧正面朝外缝合，前脚缝合5~7行，后脚缝合6~10行

前脚　2个　　　后脚　2个

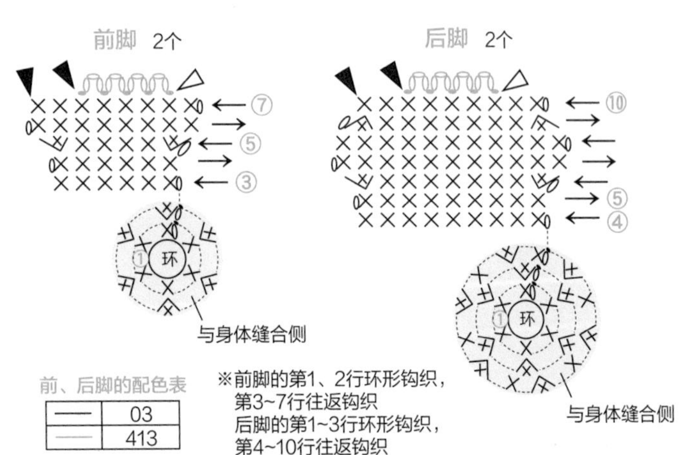

⑦
⑤
③
环
与身体缝合侧
⑩
⑤
④
环
与身体缝合侧

前、后脚的配色表

——	03
——	413

※前脚的第1、2行环形钩织，第3~7行往返钩织
后脚的第1~3行环形钩织，第4~10行往返钩织

组合方法

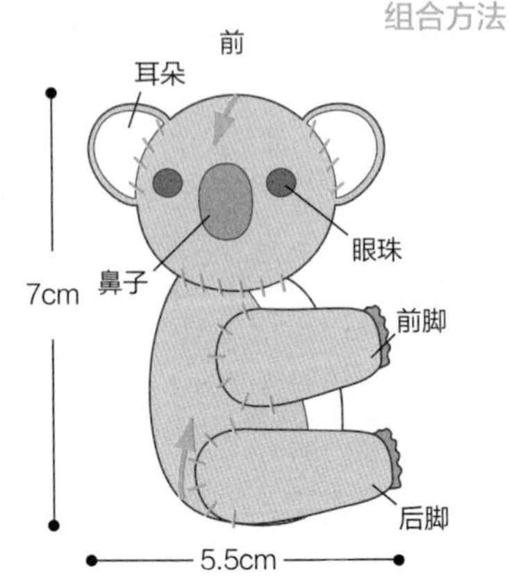

前
耳朵
眼珠
7cm
鼻子
前脚
后脚
5.5cm

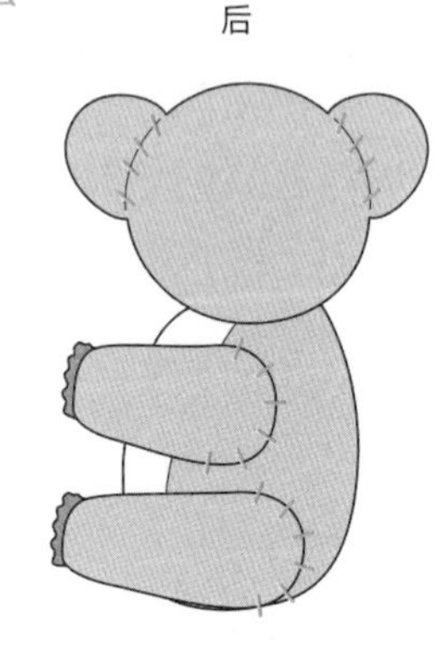

后

帝企鹅

图片 ❖ p.24

a 款线材 DMC 25 号刺绣线 / 黑色系（310）…2 支、白色系（BLANC）…1 支、黄色系（743）、（745）…各 0.5 支、橙色系（740）…少许

b 款线材 DMC 25 号刺绣线 / 灰色系（414）、（415）、白色系（BLANC）、黑色系（310）…各 0.5 支

其他（通用） 日本编织协会 眼珠（直插形）/ 黑色（3.5mm）…各 2 个、填充棉…适量

钩针 蕾丝针 0 号

成品尺寸（通用） 参照图解

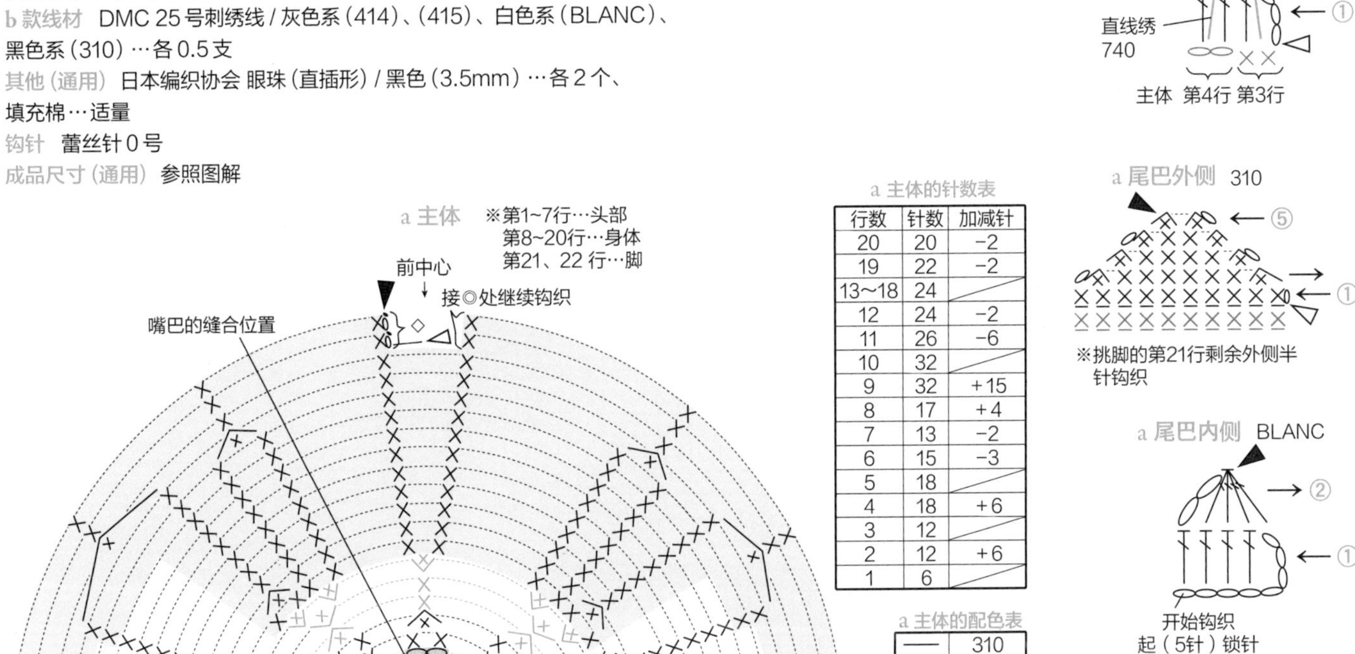
a 嘴巴 310
直线绣 740
主体 第4行 第3行
a 主体
※第1~7行…头部
第8~20行…身体
第21、22行…脚
前中心
接◎处继续钩织
嘴巴的缝合位置
环
a 尾巴外侧 310
※挑脚的第21行剩余外侧半针钩织
a 尾巴内侧 BLANC
开始钩织
起（5针）锁针
尾巴的组合方法
尾巴、外侧（反面）
尾巴、内侧（正面）
缝合

a 主体的针数表

行数	针数	加减针
20	20	−2
19	22	−2
13~18	24	
12	24	−2
11	26	−6
10	32	
9	32	+15
8	17	+4
7	13	−2
6	15	−3
5	18	
4	18	+6
3	12	
2	12	+6
1	6	

a 主体的配色表

—	310
—	745
—	BLANC

钩织方法

①从头部开始一边换色一边钩织主体。钩至第9行时塞入填充棉，缝合嘴巴。在眼珠的针插位置涂胶水，插入固定。继续钩至第20行，塞入填充棉

②脚的第20、21行分左右两部分钩织

③在主体的指定位置挑针钩织5行尾巴外侧。再钩织内侧，正面朝外重叠缝合周围

④钩织翅膀的内外两侧，正面朝外重叠缝合周围，并缝合在身体的侧面

⑤钩织2片脚背，缝合在主体（脚）的最终行附近。在脚背的反面涂少量胶水加固造型

⑥在指定位置绣直线绣

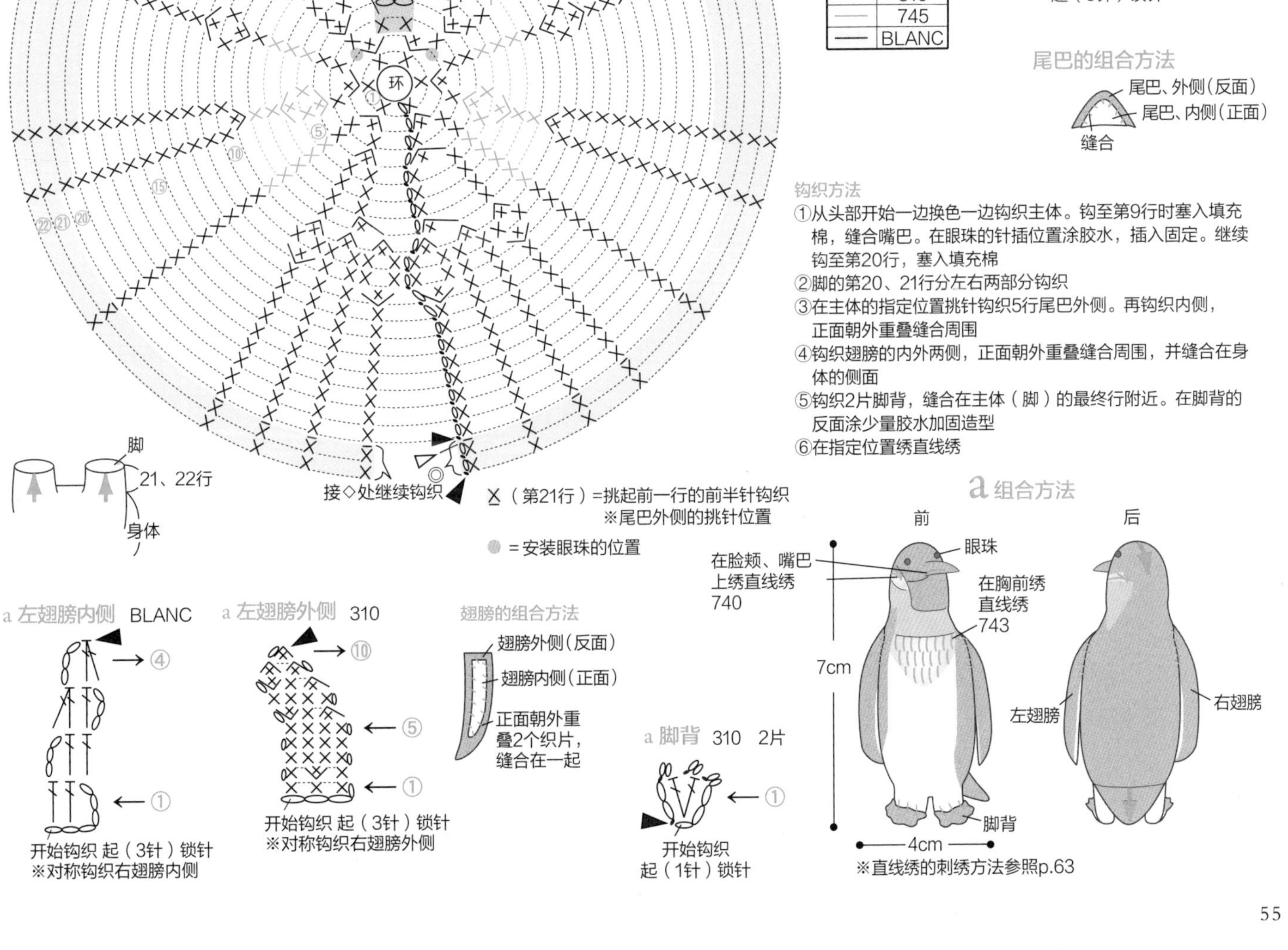
脚
21、22行
身体
接◇处继续钩织
X（第21行）=挑起前一行的前半针钩织
※尾巴外侧的挑针位置
● = 安装眼珠的位置
a 左翅膀内侧 BLANC
开始钩织 起（3针）锁针
※对称钩织右翅膀内侧
a 左翅膀外侧 310
开始钩织 起（3针）锁针
※对称钩织右翅膀外侧
翅膀的组合方法
翅膀外侧（反面）
翅膀内侧（正面）
正面朝外重叠2个织片，缝合在一起
a 脚背 310 2片
开始钩织
起（1针）锁针
a 组合方法
前
后
在脸颊、嘴巴上绣直线绣 740
眼珠
在胸前绣直线绣 743
7cm
左翅膀
右翅膀
脚背
4cm
※直线绣的刺绣方法参照p.63

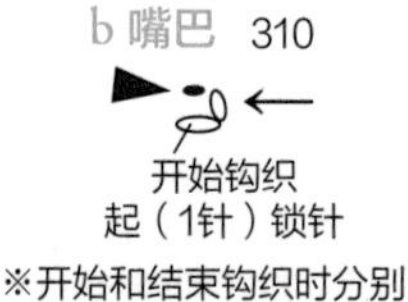

b 嘴巴 310
开始钩织
起（1针）锁针

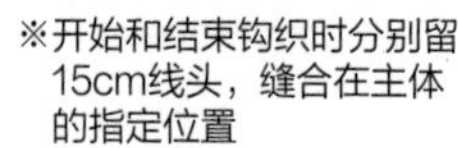

※开始和结束钩织时分别留15cm线头，缝合在主体的指定位置

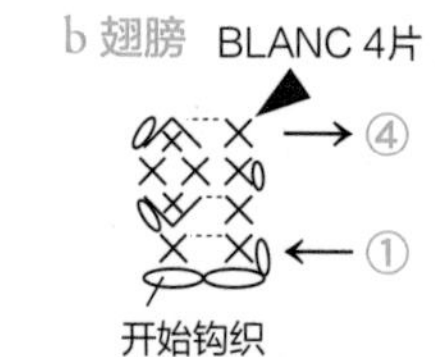

b 翅膀 BLANC 4片
④
①
开始钩织
起（2针）锁针

b 翅膀的组合方法

※正面朝外重叠2个织片，缝合周围

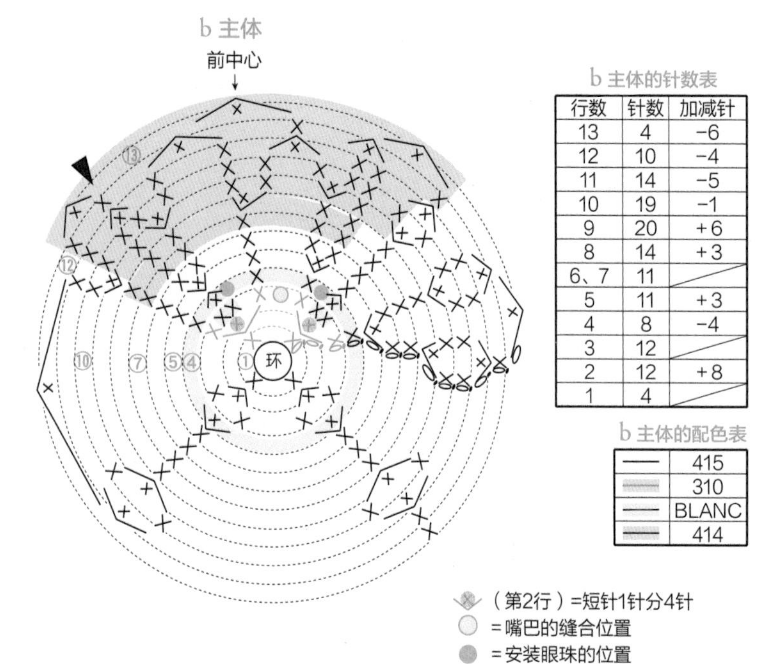

b 主体
前中心
环
（第2行）=短针1针分4针
=嘴巴的缝合位置
=安装眼珠的位置

b 主体的针数表

行数	针数	加减针
13	4	−6
12	10	−4
11	14	−5
10	19	−1
9	20	＋6
8	14	＋3
6、7	11	
5	11	＋3
4	8	−4
3	12	
2	12	＋8
1	4	

b 主体的配色表

——	415
——	310
——	BLANC
——	414

钩织方法

①钩织嘴巴

②从头部开始一边换色一边钩织主体。钩至第5行时塞入填充棉，缝合嘴巴。继续钩至第13行，塞入填充棉，并将线头穿入最终行的针脚拉紧

③钩织4片翅膀，2片1组正面朝外重叠，缝合周围，并将翅膀缝合在身体的侧面

④在眼珠的针插位置涂胶水，插入固定

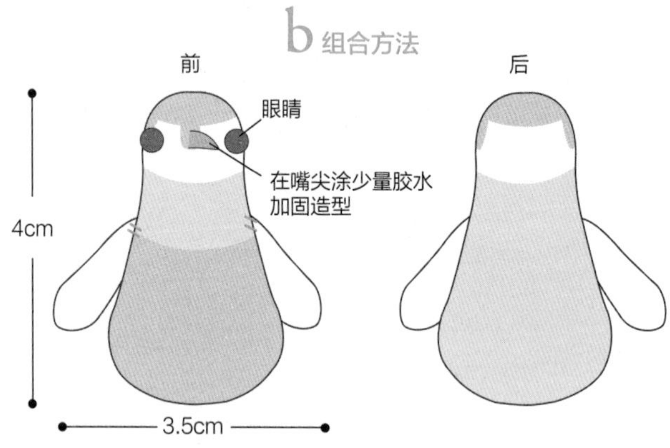

b 组合方法
前
后
眼睛
在嘴尖涂少量胶水加固造型
4cm
3.5cm

※接p.52

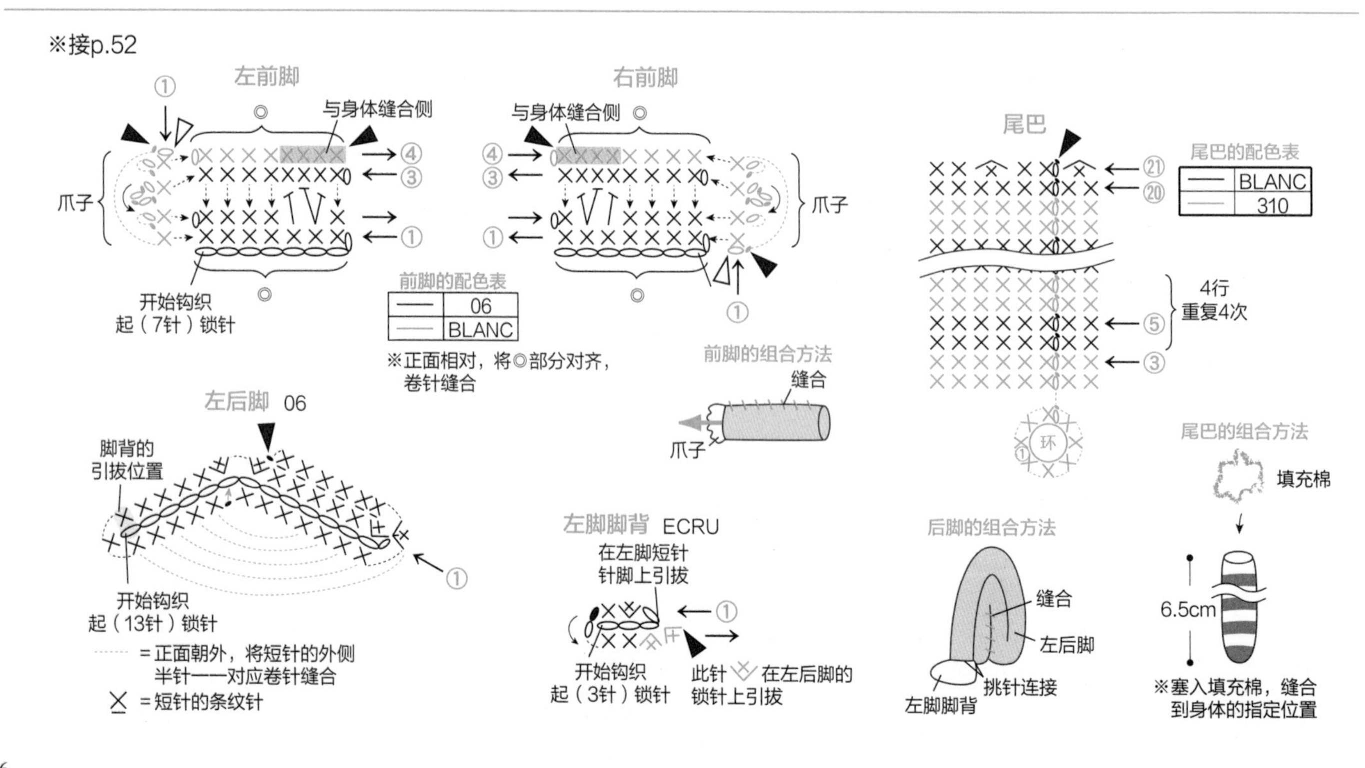

左前脚
与身体缝合侧
爪子
开始钩织
起（7针）锁针
右前脚
与身体缝合侧
爪子
前脚的配色表
06
BLANC
※正面相对，将◎部分对齐，卷针缝合
前脚的组合方法
缝合
爪子
尾巴
尾巴的配色表
BLANC
310
4行重复4次
环
尾巴的组合方法
填充棉
6.5cm
※塞入填充棉，缝合到身体的指定位置
左后脚 06
脚背的引拔位置
开始钩织
起（13针）锁针
=正面朝外，将短针的外侧半针一一对应卷针缝合
=短针的条纹针
左脚脚背 ECRU
在左脚短针针脚上引拔
开始钩织
起（3针）锁针
此针 在左后脚的锁针上引拔
后脚的组合方法
缝合
左后脚
挑针连接
左脚脚背

阿德利企鹅

图片 ❖ p.25　重点课程 ❖ p.31

线材　DMC 25号刺绣线 / 黑色系（310）…1.5支、白色系（BLANC）…1支、浅粉色（754）…0.5支

其他　日本编织协会 眼珠（直插形）/ 黑色（3.5mm）…2个、填充棉…适量

钩针　蕾丝针0号

成品尺寸　参照图解

嘴巴　754

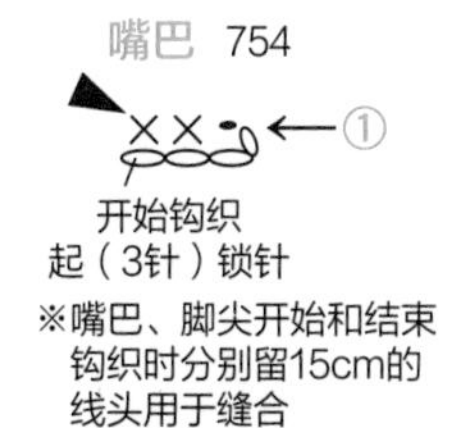
①
开始钩织
起（3针）锁针

※嘴巴、脚尖开始和结束钩织时分别留15cm的线头用于缝合

主体

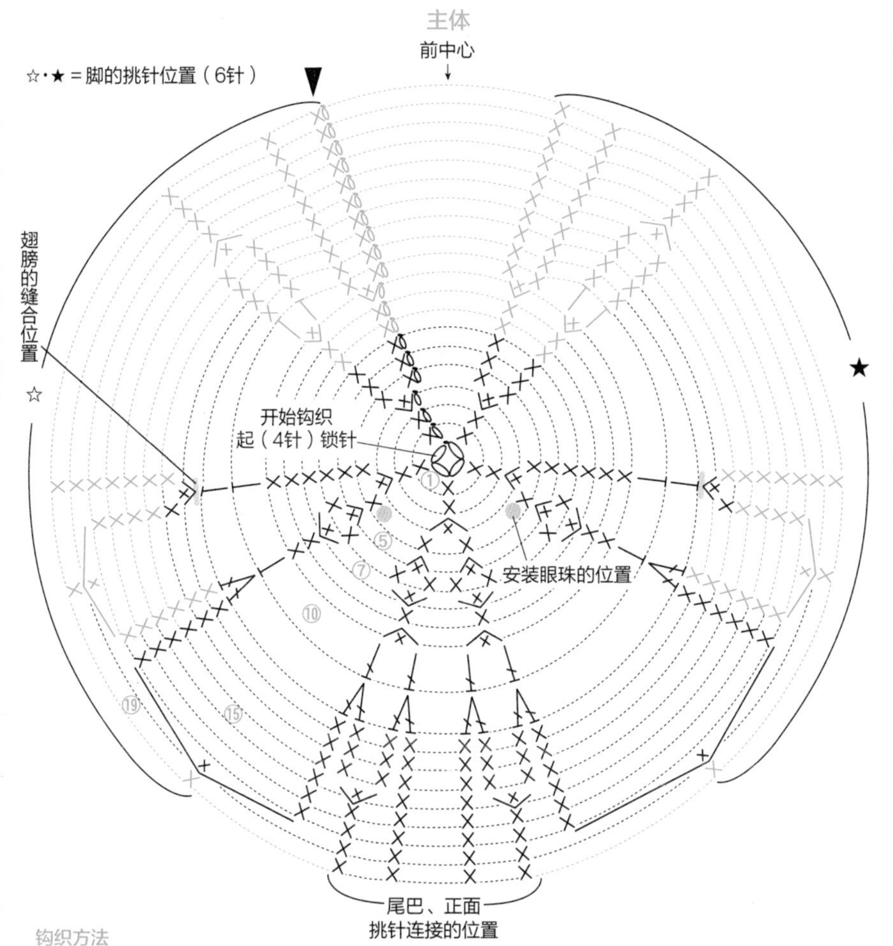
前中心
☆・★ = 脚的挑针位置（6针）
翅膀的缝合位置
☆
★
开始钩织
起（4针）锁针
①
⑤
⑦
⑩
⑮
⑲
安装眼珠的位置
尾巴、正面
挑针连接的位置

主体的针数表

行数	针数	加减针
19	16	
18	16	−4
16、17	20	
15	20	−4
13、14	24	
12	24	+2
11	22	+6
10	16	
9	16	+6
8	10	
7	10	−4
6	14	
5	14	+4
4	10	
3	10	+5
2	5	
1	5	

主体的配色表

——	310
——	BLANC

翅膀外侧　310　2片

⑤
①
开始钩织
起（1针）锁针

翅膀内侧　BLANC　2片

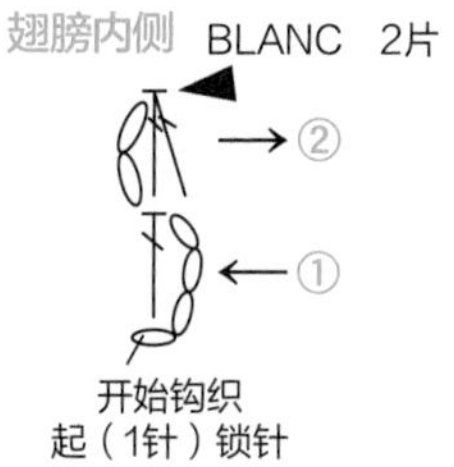
②
①
开始钩织
起（1针）锁针

脚　BLANC

（6针）☆　★（6针）
主体第19行
尾巴 挑针连接的针脚

※钩织主体第19行，先钩2针锁针、中长针2针并1针。接着钩1针锁针作为起立针，从2针锁针上钩出2针，从主体第19行上钩出6针，从中长针2针并1针上钩出2针，共钩织10针短针。按照同样的方法完成另一只脚。

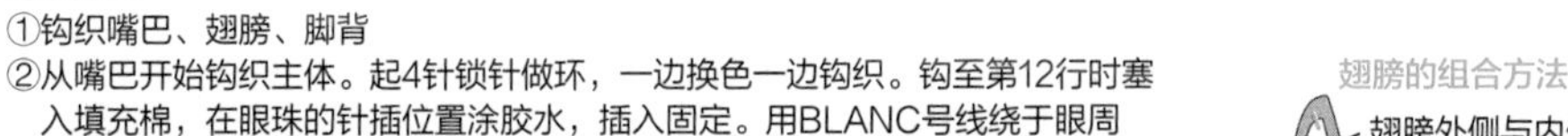

钩织方法

①钩织嘴巴、翅膀、脚背

②从嘴巴开始钩织主体。起4针锁针做环，一边换色一边钩织。钩至第12行时塞入填充棉，在眼珠的针插位置涂胶水，插入固定。用BLANC号线绕于眼周

③用310号线在嘴巴上绣直线绣，将嘴巴插入主体起针位置，用预留的线头缝合

④钩至主体第19行，塞入填充棉

⑤根据图解分别钩织1行左右脚

⑥在主体的指定位置挑针钩织2行尾巴外侧

⑦钩织尾巴内侧，正面朝外与尾巴外侧重叠并缝合

⑧将翅膀外侧与翅膀内侧正面朝外重叠并缝合，翅膀起针位置缝合固定在主体的指定位置上

⑨钩织脚背，绣直线绣并在脚背反面涂少量胶水，缝合在主体的指定位置

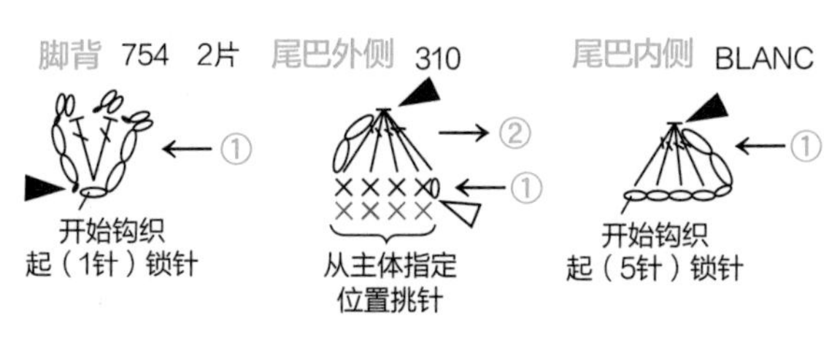
脚背　754　2片
①
开始钩织
起（1针）锁针
尾巴外侧　310
②
①
从主体指定
位置挑针
尾巴内侧　BLANC
①
开始钩织
起（5针）锁针

翅膀的组合方法
翅膀外侧与内侧正面朝外重叠并缝合
嘴巴的组合方法
直线绣（4处）
310
脚背的组合方法
直线绣（3处）
310

组合方法

嘴巴
直线绣 310（4处）　侧视图
用BLANC号线绕于眼周
眼睛
7cm
翅膀
在前端绣直线绣
310
（各3处）
尾巴
4cm
（正面）

※直线绣的刺绣方法参照p.63

洪堡企鹅

图片 ❖ p.25

线材 DMC 25号刺绣线 / 黑色系（310）…2.5支、白色系（BLANC）…1支、灰色系（414）、粉色系（603）…各0.5支

其他 日本编织协会 眼珠（直插形）/ 黑色（3.5mm）…2个、填充棉…适量

钩针 蕾丝针0号

成品尺寸 参照图解

嘴巴 310 2片

①

开始钩织

起（2针）锁针

※开始钩织时留15cm的线头，插入主体开始钩织处并缝合

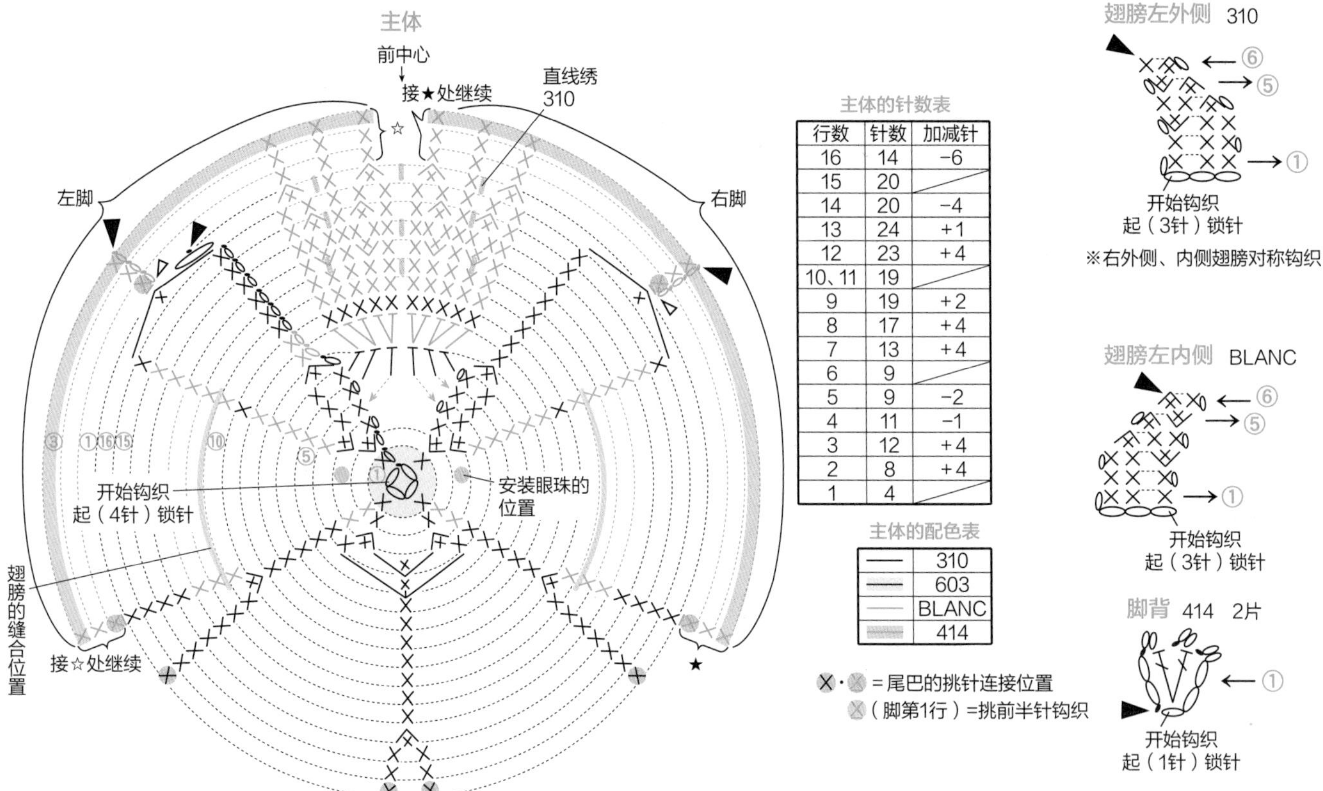

主体
前中心
接★处继续
直线绣
310
左脚
右脚
开始钩织
起（4针）锁针
安装眼珠的
位置
翅膀的缝合位置
接☆处继续
翅膀左外侧 310
⑥
⑤
①
开始钩织
起（3针）锁针
※右外侧、内侧翅膀对称钩织
翅膀左内侧 BLANC
⑥
⑤
①
开始钩织
起（3针）锁针
脚背 414 2片
①
开始钩织
起（1针）锁针
= 尾巴的挑针连接位置
（脚第1行）=挑前半针钩织

主体的针数表

行数	针数	加减针
16	14	−6
15	20	
14	20	−4
13	24	+1
12	23	+4
10、11	19	
9	19	+2
8	17	+4
7	13	+4
6	9	
5	9	−2
4	11	−1
3	12	+4
2	8	+4
1	4	

主体的配色表

线	颜色
—	310
—	603
—	BLANC
—	414

钩织方法

①从头部开始钩织主体。起4针锁针做环，第1、2行一边换色一边钩织。
②第3~6行往返钩织
③第7行之后环形钩织，第7行按照图解挑第5、6行的针脚钩织
④钩织2片嘴巴，正面朝外重叠。用414号线绣直线绣，涂胶水加固造型。将嘴巴插入主体起针位置后用预留的线头缝合，嘴巴下方用603号线绣直线绣
⑤钩织过程中塞入填充棉，钩至第16行
⑥挑主体的针脚，分别钩织3行左右脚，塞入填充棉
⑦在主体的指定位置挑针钩织7行尾巴外侧
⑧钩织尾巴内侧，正面朝外与尾巴外侧重叠并缝合
⑨将翅膀外侧与翅膀内侧正面朝外重叠并缝合，翅膀起针位置缝合固定在主体的指定位置上
⑩钩织脚背，缝合到脚上。用414号线卷针缝合数针
⑪在眼珠的针插位置涂胶水，插入固定。用603号线绕于眼周
⑫用310号线在主体的腹部绣直线绣和缎绣

尾巴外侧 310
⑦
⑤
①
= 挑外半针钩织
2针
4针
2针
尾巴 从（ ）针脚处挑8针钩织
尾巴内侧 BLANC
⑦
⑤
①
开始钩织 起（6针）锁针

翅膀的组合方法
翅膀外侧与内侧正面朝外重叠并缝合

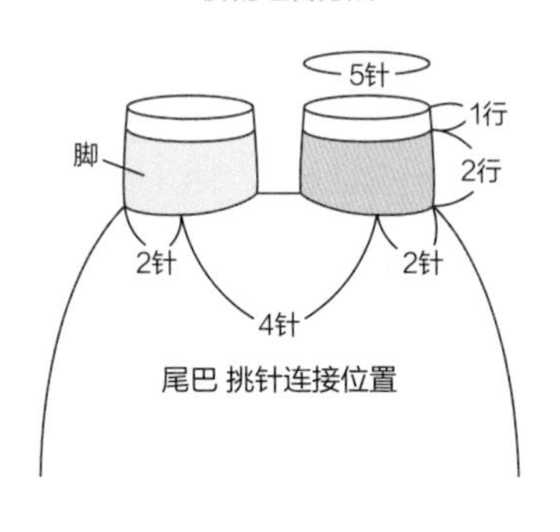

脚的组合方法
5针
1行
2行
脚
2针
2针
4针
尾巴 挑针连接位置

※组合方法参照p.59

洪堡企鹅

※上接p.58

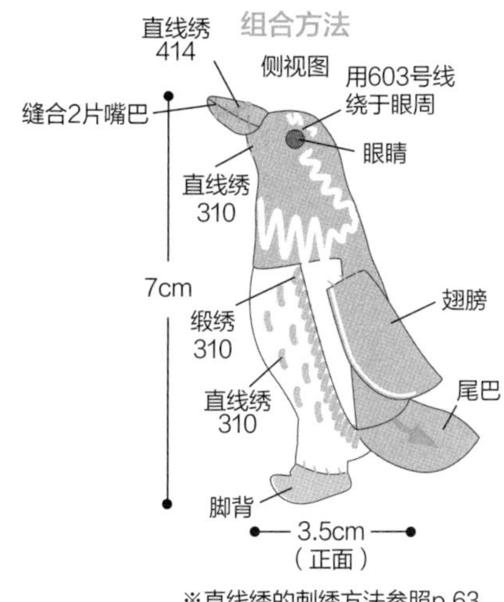
组合方法
侧视图
直线绣
414
缝合2片嘴巴
用603号线
绕于眼周
眼睛
直线绣
310
7cm
缎绣
310
翅膀
直线绣
310
尾巴
脚背
3.5cm
（正面）

※直线绣的刺绣方法参照p.63

兔狲

※上接p.35

组合方法

※组合方法参照 p.29

①身体与腹部的正面朝外，将身体的★B 与腹部的★B 对齐，朝着★C 的方向缝合单侧。接着从★C 往★B 反向缝合另一侧。
②将头部的★A 与身体的★A、头部的★B 与身体的★B 对齐，依次缝合两侧。
③从身体的★C 朝着★A 的方向缝合背部。过程中在脚、头部、身体中塞入填充棉。

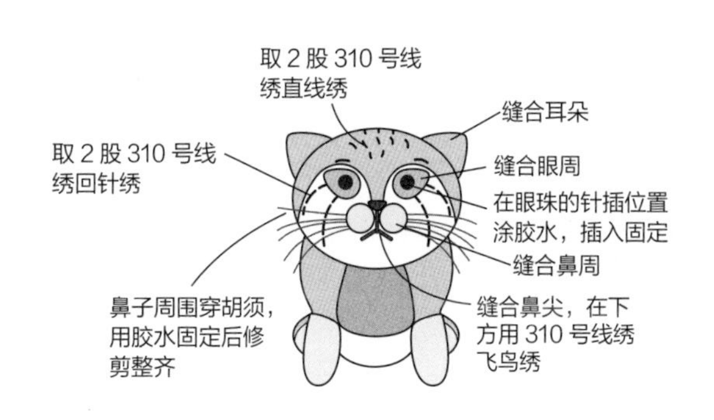
取 2 股 310 号线
绣直线绣
缝合耳朵
取 2 股 310 号线
绣回针绣
缝合眼周
在眼珠的针插位置
涂胶水，插入固定
缝合鼻周
鼻子周围穿胡须，
用胶水固定后修
剪整齐
缝合鼻尖，在下
方用 310 号线绣
飞鸟绣

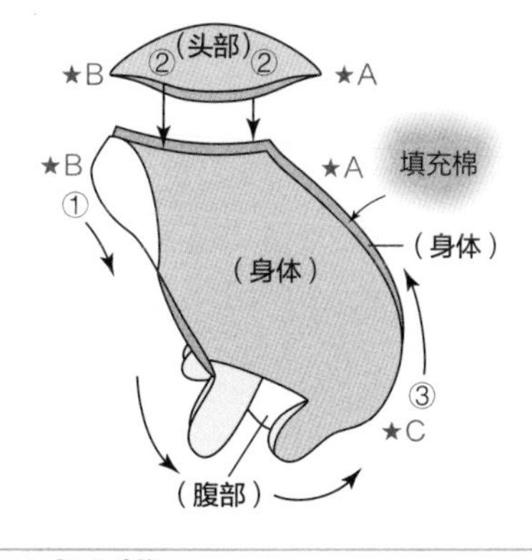
（头部）
★B
★A
填充棉
（身体）
（身体）
①
②
③
★C
（腹部）

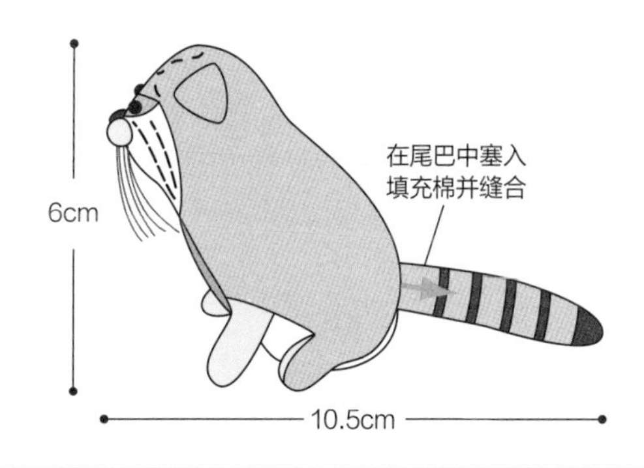
在尾巴中塞入
填充棉并缝合
6cm
10.5cm

亚洲貘

※上接p.39

组合方法

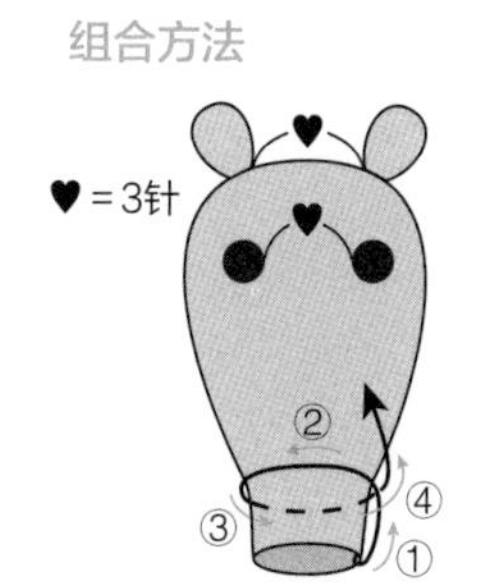
♥ = 3针
①
②
③
④

用钩织结束时留下的线头在鼻尖缝一圈后稍稍拉紧，使形状变平

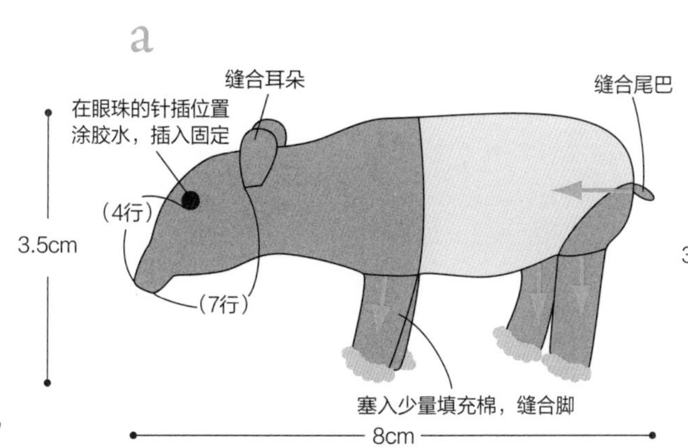
a
缝合耳朵
在眼珠的针插位置
涂胶水，插入固定
缝合尾巴
(4行)
3.5cm
(7行)
塞入少量填充棉，缝合脚
8cm

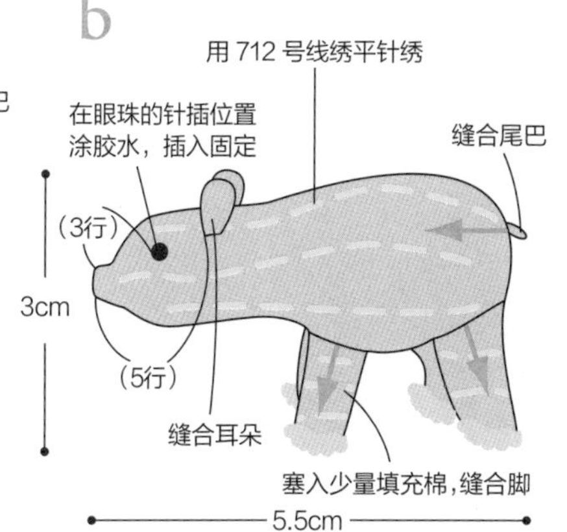
b
用 712 号线绣平针绣
在眼珠的针插位置
涂胶水，插入固定
缝合尾巴
(3行)
3cm
(5行)
缝合耳朵
塞入少量填充棉，缝合脚
5.5cm

钩针编织基础

符号图的理解方法

本书中的编织符号均按照日本工业标准（JIS）规定，表现的是织片正面所呈现的状态。钩针编织不区分正针和反针（内钩针和外钩针除外），正面和反面交替钩织时，钩织符号的表示是相同的。

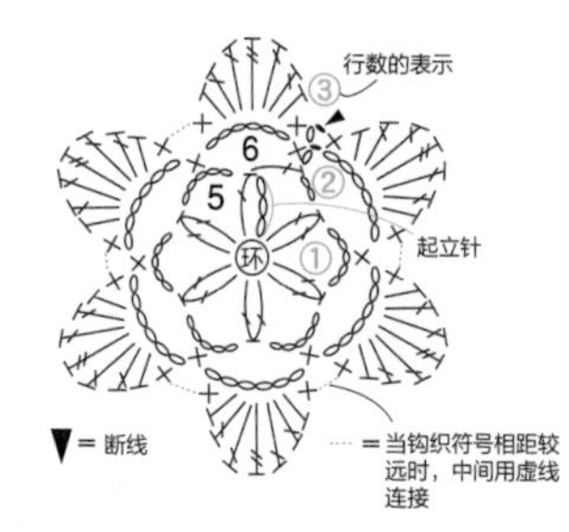

行数的表示
起立针
▼＝断线
＝当钩织符号相距较远时，中间用虚线连接

从中心开始进行环形钩织时

在中心作环形（或锁针）起针，依照环形逐圈钩织。每圈起始位置都需要先钩起立针（起立的锁针）再继续钩织。一般是将织片正面朝上，按从右往左的顺序进行钩织。

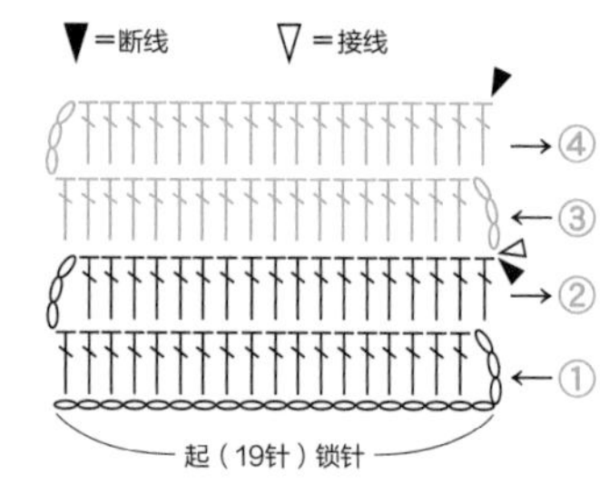

▼＝断线
▽＝接线
起（19针）锁针

片织时

起立针分别位于织片的左右两侧。当起立针位于织片右侧时，在织片正面按照图示从右往左进行钩织。当起立针位于织片左侧时，在织片反面按照图示从左往右进行钩织。图中表示在第 3 行根据配色进行换线。

线和针的握法

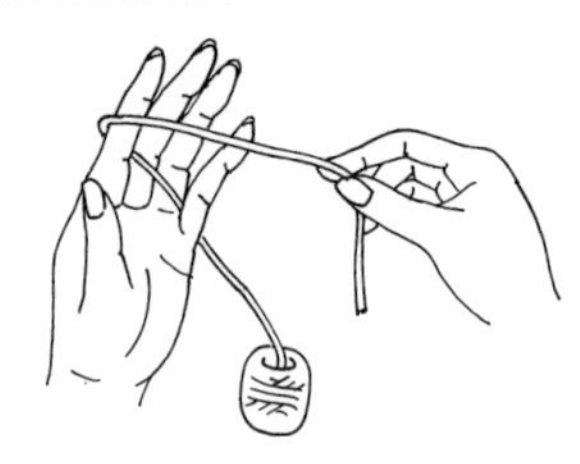

1 将线穿过左手的小拇指和无名指，绕过食指，置于手掌前。

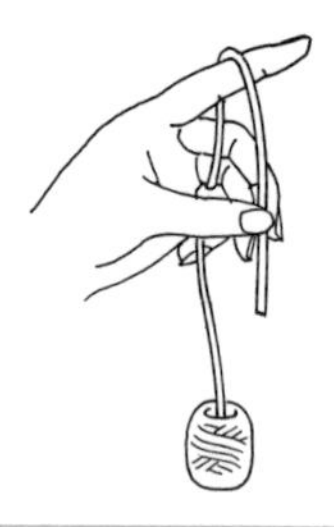

2 用大拇指和中指捏住线头，竖起食指使线绷紧。

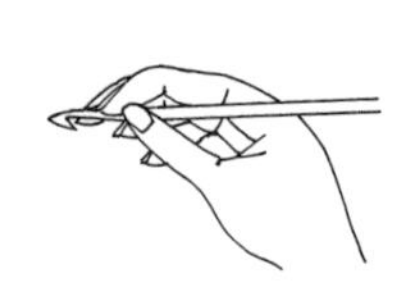

3 用右手大拇指和食指持针，中指轻轻抵住针头。

基本针的起针方法

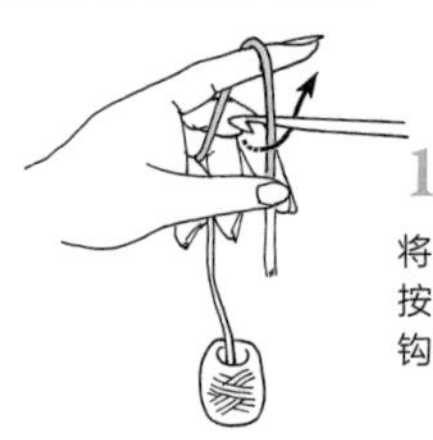

1 将钩针放在线的内侧，按箭头所示方向转动钩针。

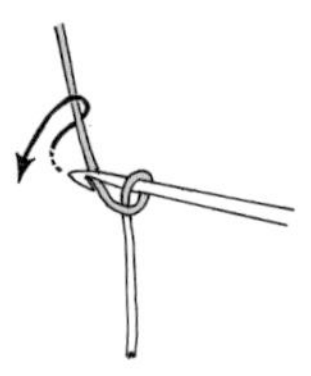

2 再将线挂在针上。

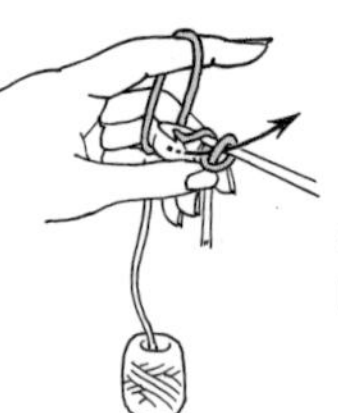

3 将钩针带线从线圈中拉出。

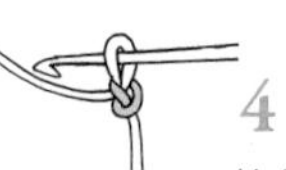

4 拉线头收紧线圈，基本针便完成了（此针不计入针数中）。

起针

从中心开始进行环形钩织时（绕线作环起针）

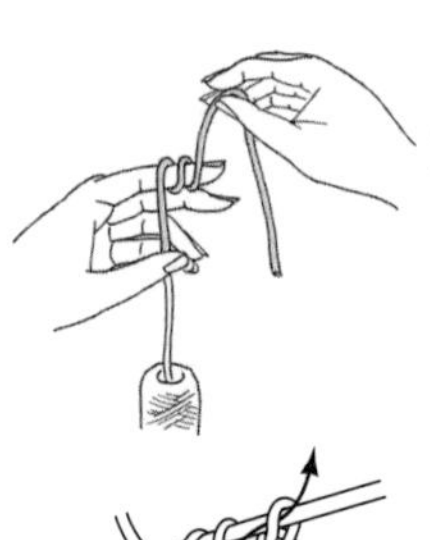

1 在左手食指上绕线两圈作环。

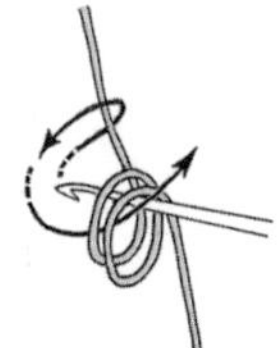

2 从食指上取下环后用手捏住，钩针插入环中，按照箭头所示方向挂线后引出。

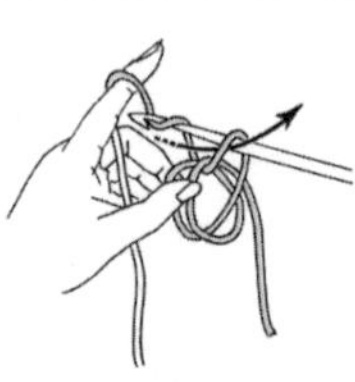

3 继续在钩针上挂线引出，完成1针锁针，作为起立针。

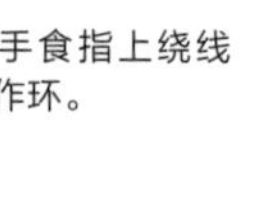

4 将针插入环内，继续钩织所需数目的短针，完成第1圈。

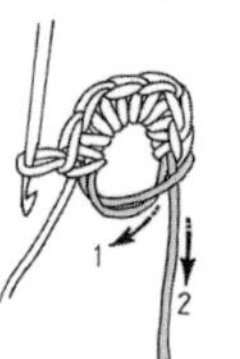

5 将钩针抽出，先拉紧线头1，接着拉紧线头2。

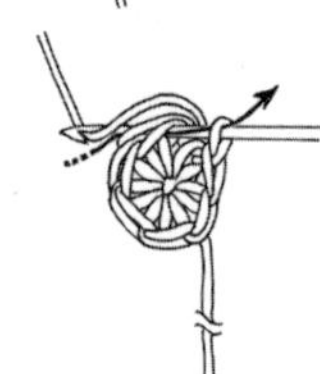
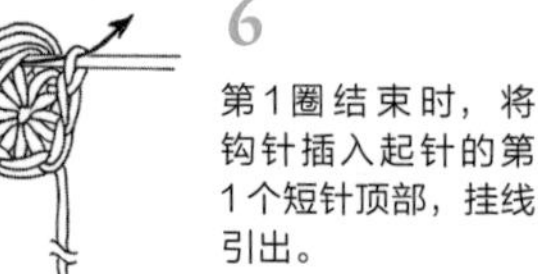

6 第1圈结束时，将钩针插入起针的第1个短针顶部，挂线引出。

从中心开始进行环形钩织时（锁针作环起针）

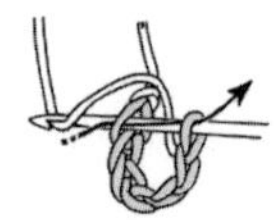

1 钩织所需数目的锁针，在起始的锁针的半针处入针，挂线引出。

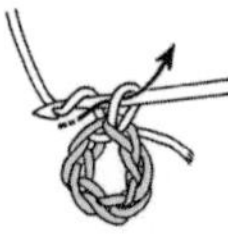

2 在针上挂线后引出，1针起立针便完成了。

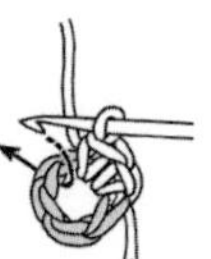

3 将钩针插入环内，把锁针整束挑起，钩织所需数目的短针。

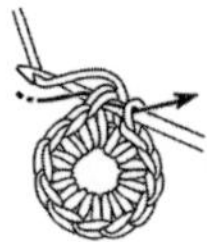

4 第1圈结束时，将钩针插入起针的第1个短针顶部，挂线引出。

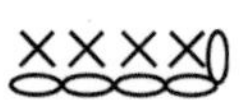

片织时

1 钩织所需数目的锁针和起立针，然后将钩针插入倒数第2个锁针的半针内，挂线引出。

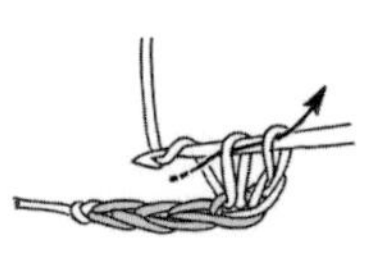

2 在针上挂线后，按照箭头所示方向引出。

3 第1行完成后的状态（起立针不算做1针）

锁针的识别方法

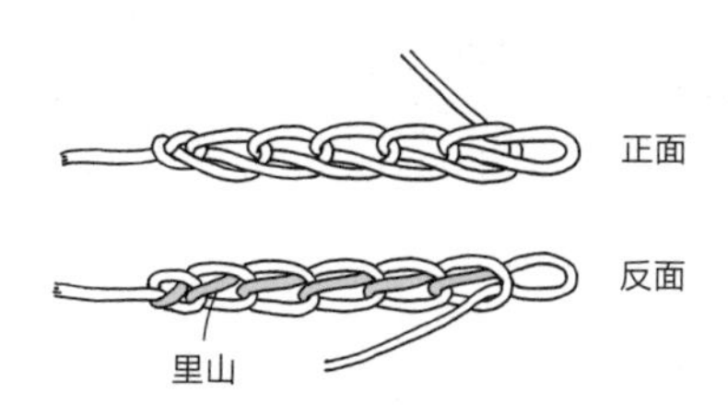
正面
反面
里山

锁针有正反两面。反面中间突出的一根线，称为锁针的“里山”。

在上一行挑针的方法

在 1 个针脚中钩织

1

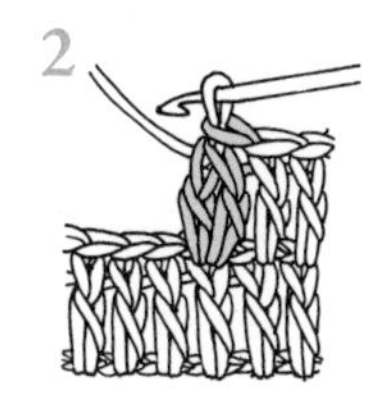
2

将锁针整束挑起钩织

1

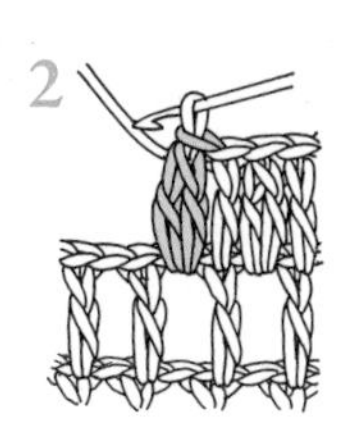
2

根据符号的不同，即使是相同的枣形针，钩织时的挑针方式也不同。符号下方为密闭状态时，要在上一行的 1 个针脚处挑针，符号下方为镂空状态时，则要将上一行的锁针整束挑起进行钩织。

钩针编织符号

锁针

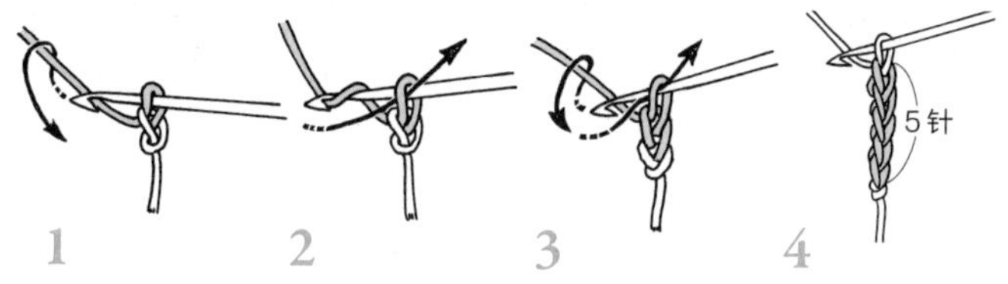
5针

1 起针后按照箭头所示方向转动钩针。

2 挂线，将线钩出。

3 重复步骤 1 和 2 继续钩织。

4 5针锁针完成。

引拔针

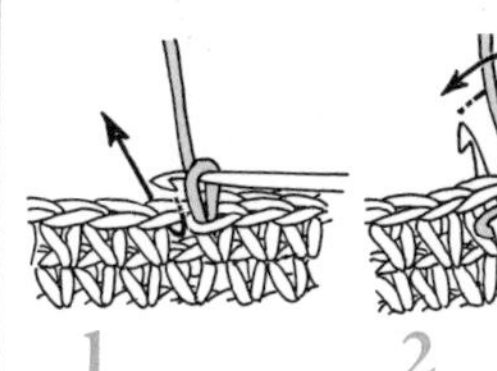

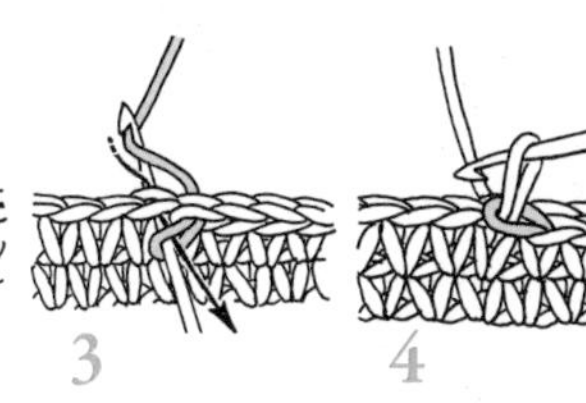

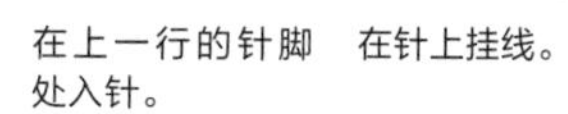

1 在上一行的针脚处入针。

2 在针上挂线。

3 将线一次性引拔钩出。

4 1针引拔针完成。

短针

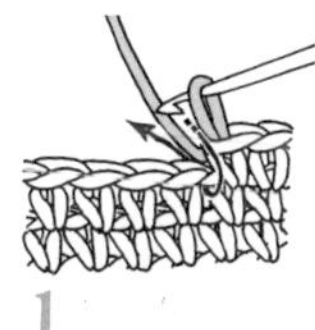

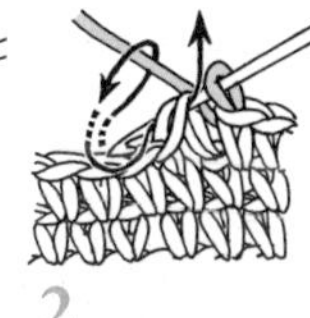

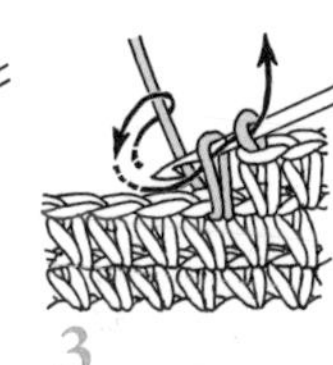

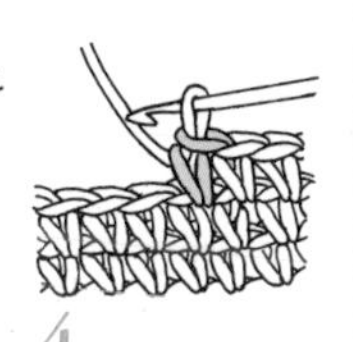

1 在上一行的针脚处入针。

2 在针上挂线，朝着自己的方向转动钩针，将线引出（此时称作“未完成的短针”）。

3 挂线，一次性引拔穿过2个线圈。

4 1针短针完成。

中长针

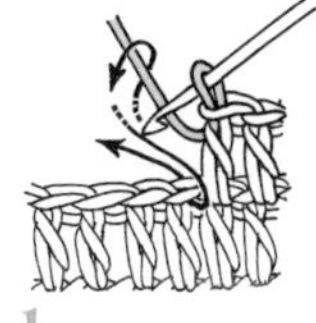

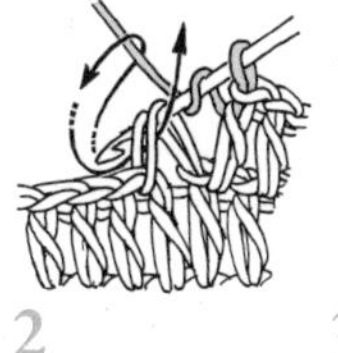

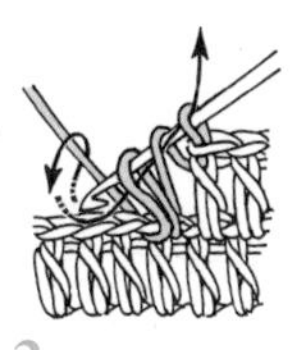

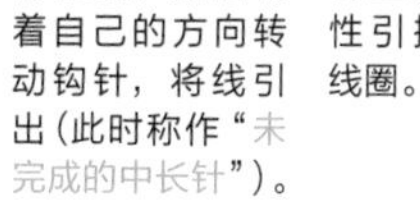

1 针上挂线，在上一行的针脚处入针。

2 再挂线，然后朝着自己的方向转动钩针，将线引出（此时称作“未完成的中长针”）。

3 针上挂线，一次性引拔穿过3个线圈。

4 1针中长针完成。

长针

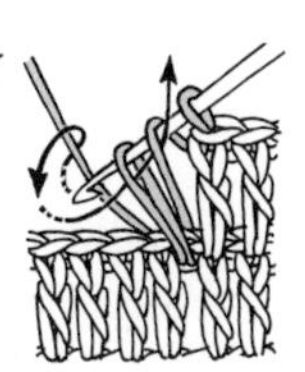

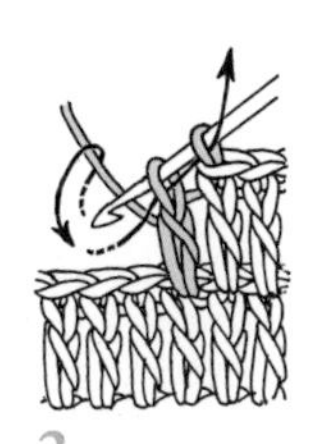

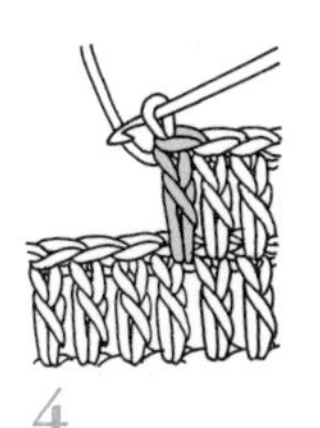

1 针上挂线，在上一行的针脚处入针，转动钩针将线引出。

2 按照箭头所示方向挂线，一次性引拔穿过前2个线圈（此时称作“未完成的长针”）。

3 再一次针上挂线，按照箭头所示方向将剩下的2个线圈一次性引出。

4 1针长针完成。

长长针

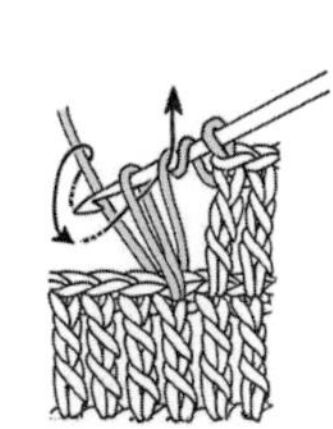

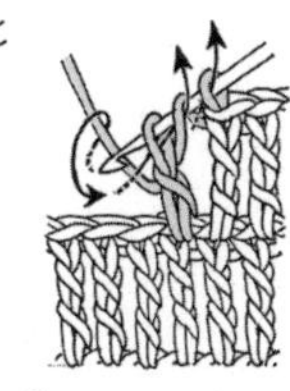

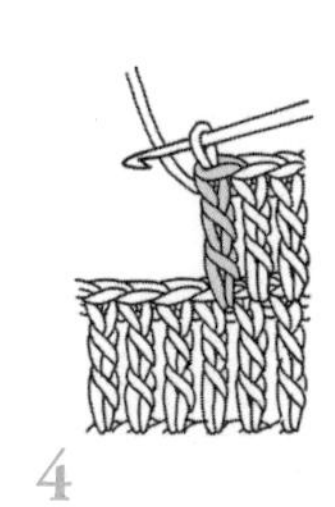

1 在针上绕2圈线，将钩针插入上一行的针脚内，针上挂线穿过线圈引拔钩出。

2 按照箭头所示方向挂线，一次性引拔穿过前2个线圈。

3 同样的步骤重复2次。 ※ 第1次完成时的状态称为未完成的长长针。

4 1针长长针完成。

短针1针分2针 / 短针1针分3针

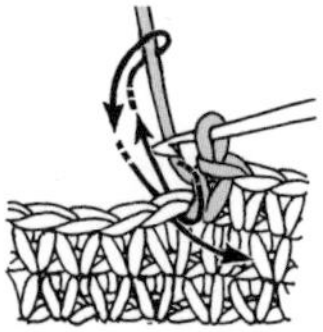
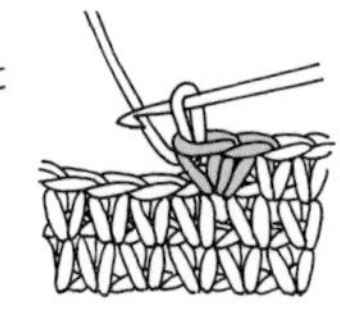
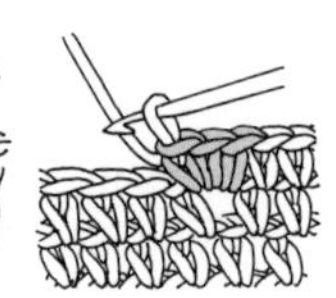

1 钩一针短针。

2 在同一个针脚处入针，挂线再钩1针短针。

3 此时为短针1针分2针完成后的状态。在同一针脚处再钩1针短针。

4 短针1针分3针完成。此时比上一行增加2针。

长针1针分2针

※ 针数为2针以外及非长针的情况下，也使用相同的要领在上一行的针脚处钩入指定的针数。

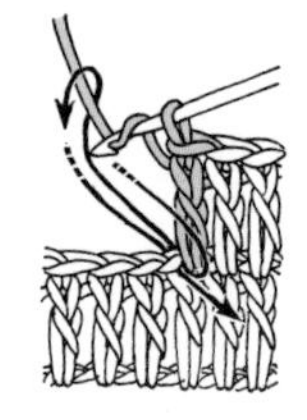
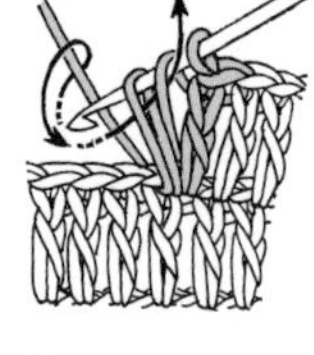
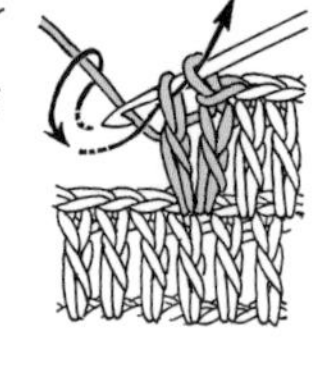
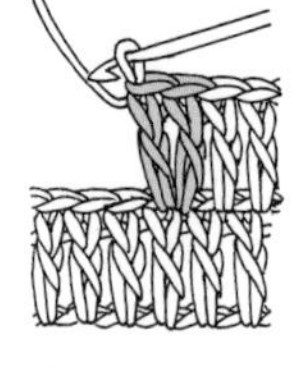

1 钩1针长针，针上挂线后在同一针脚入针，再次将线引出。

2 针上挂线，一次性引拔穿过前2个线圈。

3 再次挂线，将剩余的2个线圈一次性引拔。

4 长针1针分2针完成。此时比上一行针数增加1针。

锁针3针的狗牙拉针

※针数为3针以外的情况下，在步骤1时钩出指定针数的锁针后，也用同样的方法钩织。

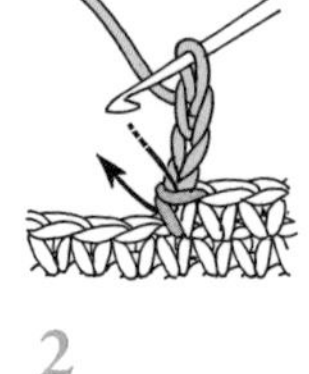
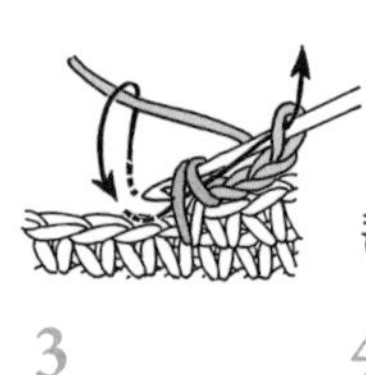
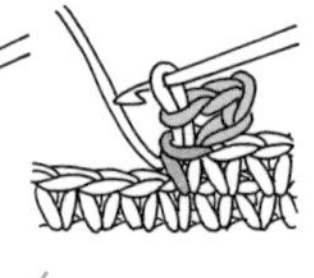

1 钩织3个锁针。

2 同时挑起短针的顶部半针和底部的1根线。

3 针上挂线，按照箭头所示方向将3个线圈一次性引拔拉出。

4 锁针3针的狗牙拉针完成。

短针的条纹针

※短针以外的条纹针，也使用相同的要领，挑起上一行针脚的外侧半针，钩入指定针法。

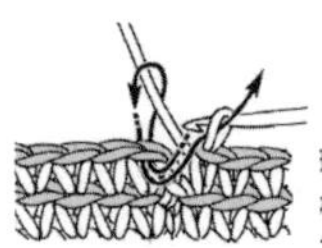
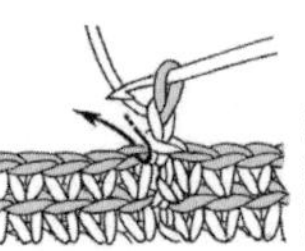

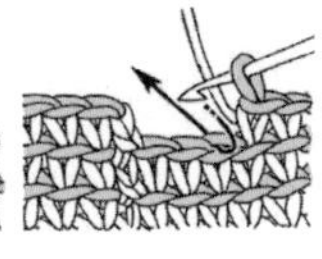

1 每一行都看着正面钩织。钩完1圈后在最初的针上引拔。

2 钩1针锁针作为起立针，挑起上一行针脚的外侧半针，钩织短针。

3 重复步骤2继续钩织短针。

4 上一行留下的内侧半针呈现条纹状。图中为钩织第3圈短针的条纹针时的状态。

短针2针并1针

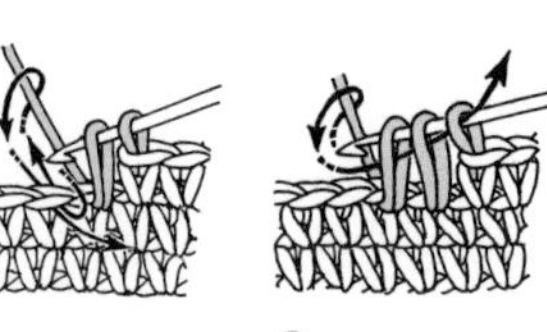
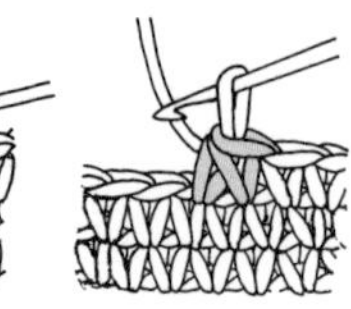

1 在上一行的针脚处入针，按照箭头所示方向挂线，将线引出。

2 在下1针处，用同样方法再挂线钩1针。

3 针上挂线，一次性引拔穿过钩针上的3个线圈。

4 短针2针并1针完成。此时比上一行针数减少1针。

长针2针并1针

※针数为2针以外及非长针的情况下，也使用相同的要领钩出指定针数的未完成针，针上挂线，将线圈一次性引出。

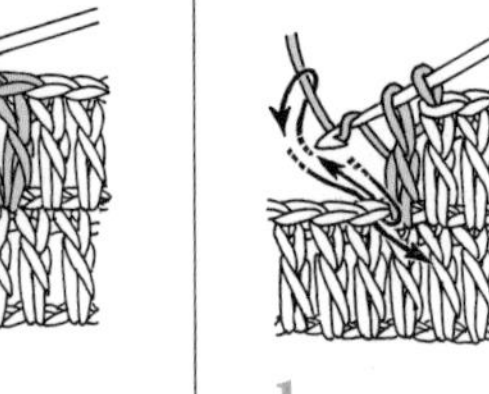
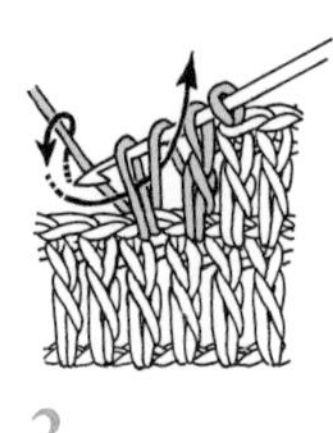
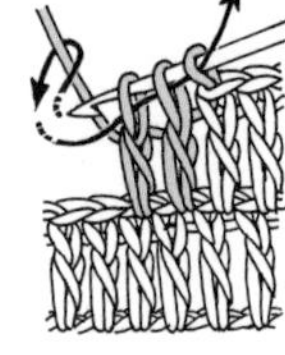
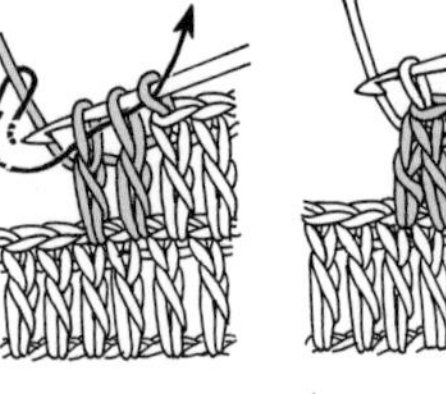

1 在上一行中钩织1针未完成的长针（参照p.61），下一针按照箭头所示方向挂线入针再引出。

2 针上挂线，将2个线圈一次性引拔，钩第2针未完成的长针。

3 针上挂线，按照箭头所示方向一次性引拔穿过3个线圈。

4 长针2针并1针完成。此时比上一行针数减少1针。

 长针3针的枣形针

※ 针数为3针以外及非长针的情况下，也使用相同的要领在上一行的1针中钩入指定针数的未完成针，针上挂线，将线圈一次性引出。

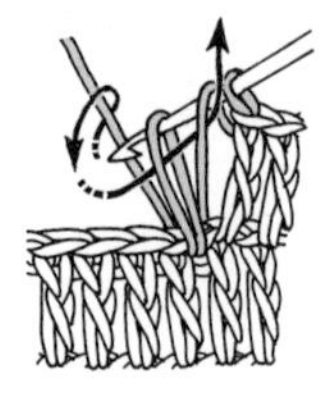
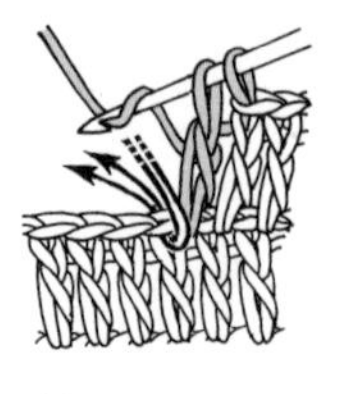
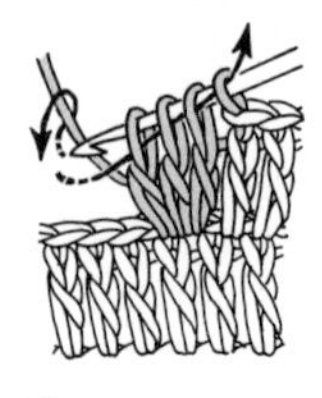
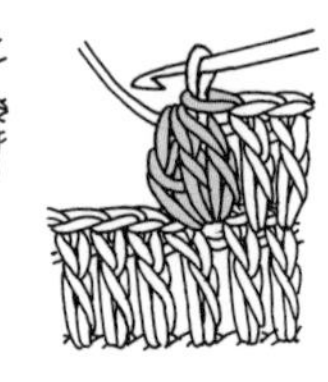

1 在上一行的针脚处入针，钩1针未完成的长针（参照p.61）。

2 在同一个针脚处入针，继续钩2针未完成的长针。

3 针上挂线，一次性引拔穿过4个线圈。

4 长针3针的枣形针完成。

短针的棱针

※短针以外的棱针，也使用相同的要领，挑起上一行针脚的外侧半针，钩入指定针法。

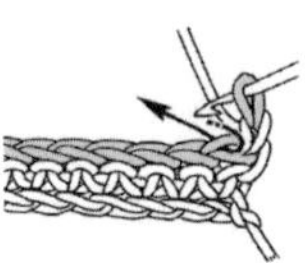
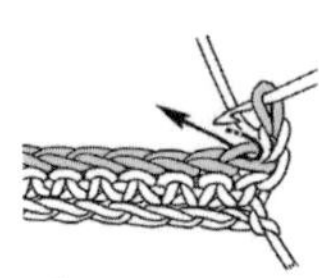
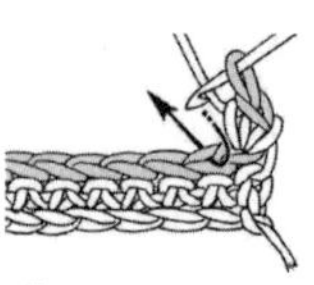

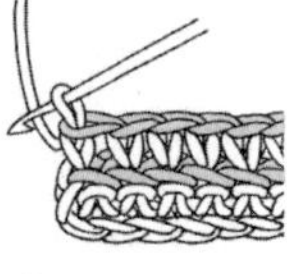
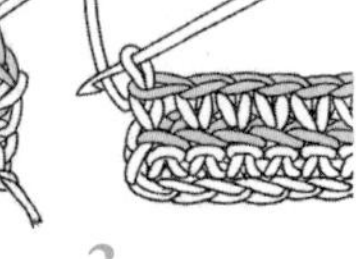
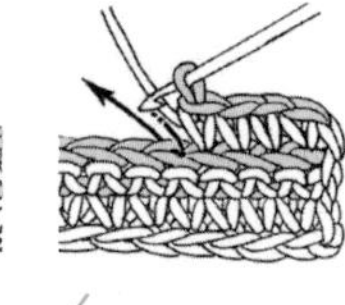
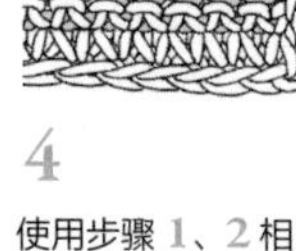

1 按照箭头所示方向，在上一行的外侧半针处入针。

2 钩1针短针，下一针同样挑起外侧半针钩织。

3 钩至边缘后翻转织片。

4 使用步骤1、2相同的方法，挑起外侧半针钩织短针。

外钩长针

※长针以外的外钩针，也使用相同的要领在步骤 1 钩入指定针法。
※往返编织至反面时，钩内钩针。

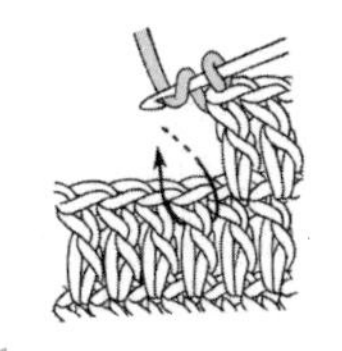

1
针上挂线，按照箭头所示方向从上一行长针的根部入针，挑起整束长针。

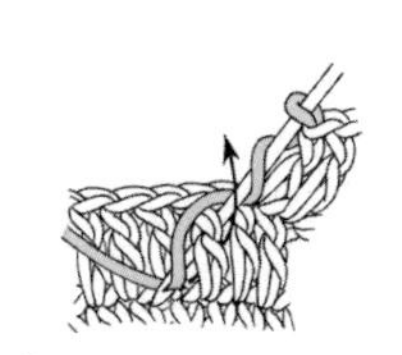

2
针上挂线，按照箭头所示方向将线稍稍拉长后引出。

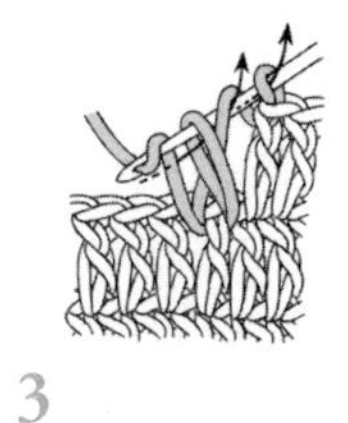

3
再一次挂线，一次性引拔穿过2个线圈。同样的动作重复1次。

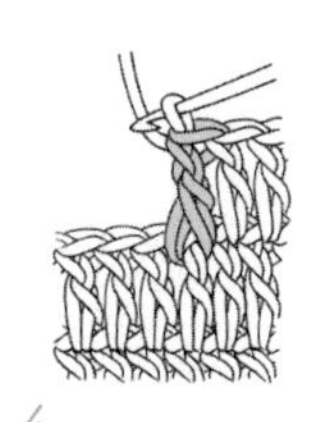

4
1针外钩长针完成。

卷针缝合

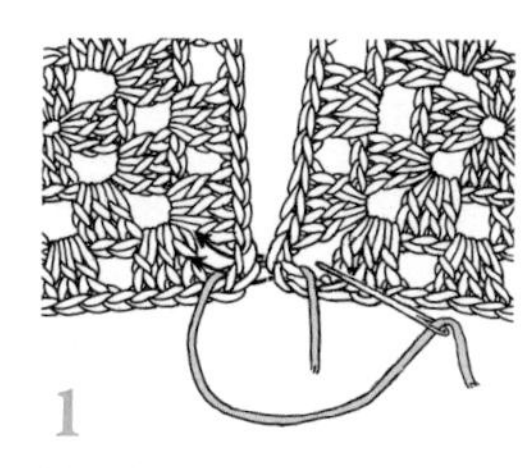

1
将两个织片正面朝上对齐，缝针分别穿过针脚顶部的2根线，起始和结尾各穿2次。

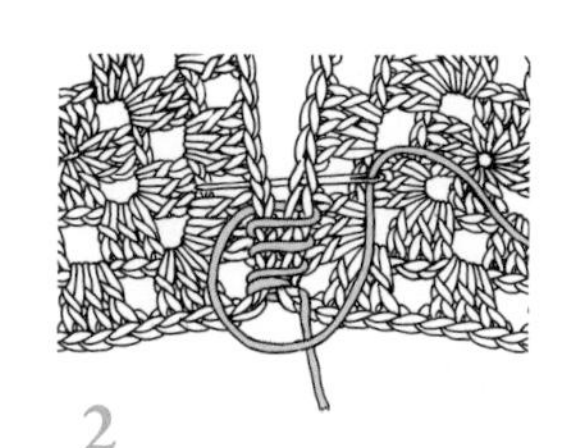

2
一针对应一针依次缝合。

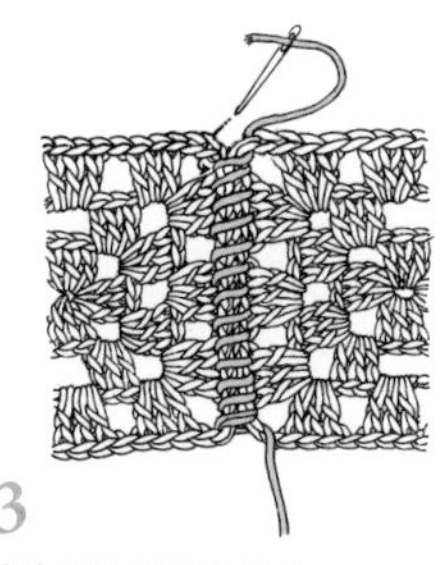

3
缝合至边缘处的状态。

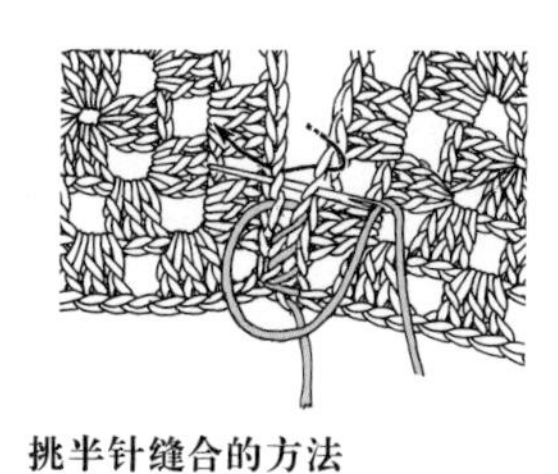

挑半针缝合的方法

将两个织片正面朝上对齐，缝针分别穿过外侧半针（顶部的1根线）。起始和结尾各穿2次。

配色花样的钩织方法（横向包入渡线钩织）

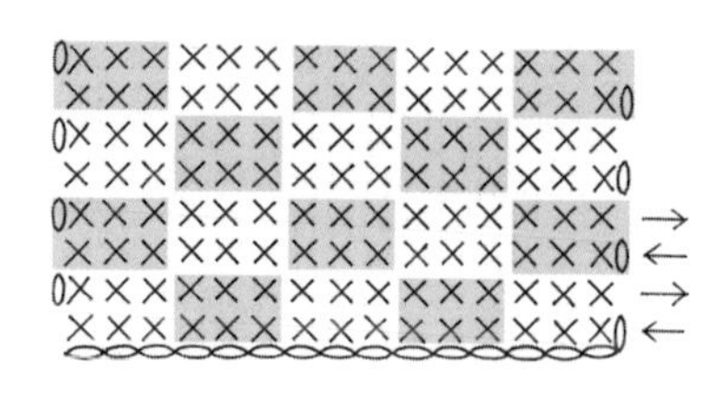

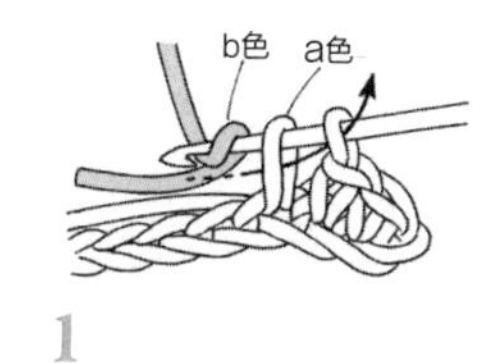

b色
a色

1
要进行换色时，在前一针的最后一步将配色线（b色）引出。

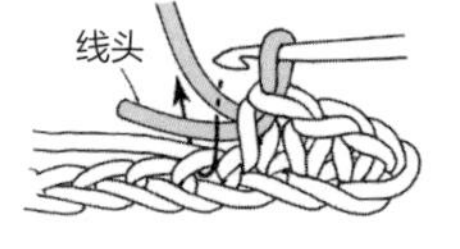

线头

2
引拔完成后的状态。接着钩织b色线，钩织时包入底色线（a色）和b色线的线头。由于线头在钩织过程中已被包入，最后无需处理线头。

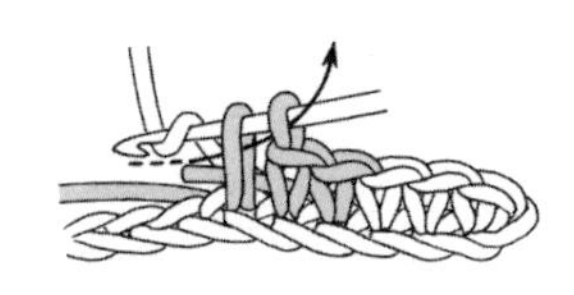

3
再次钩织a色线时，在前一针的最后一步将作为渡线的a色线引出。

刺绣基础

回针绣

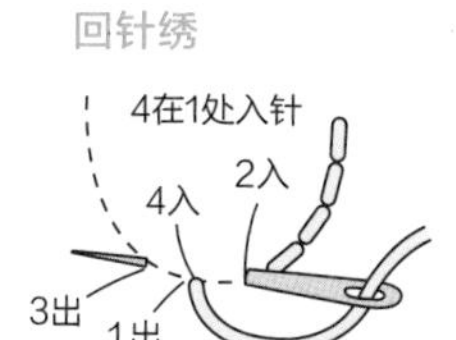

4在1处入针
2入
4入
3出
1出

平针绣

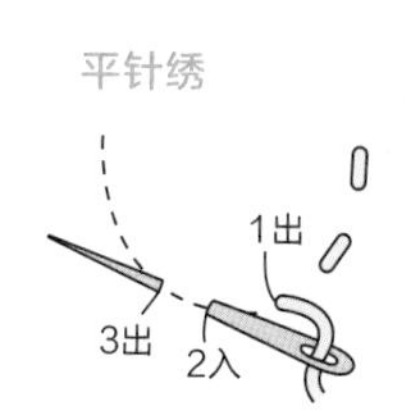

1出
3出
2入

直线绣

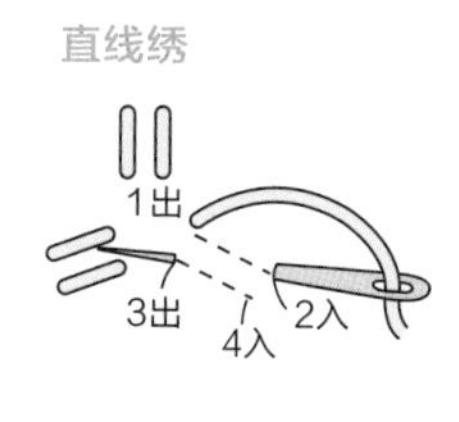

1出
3出
4入
2入

飞鸟绣

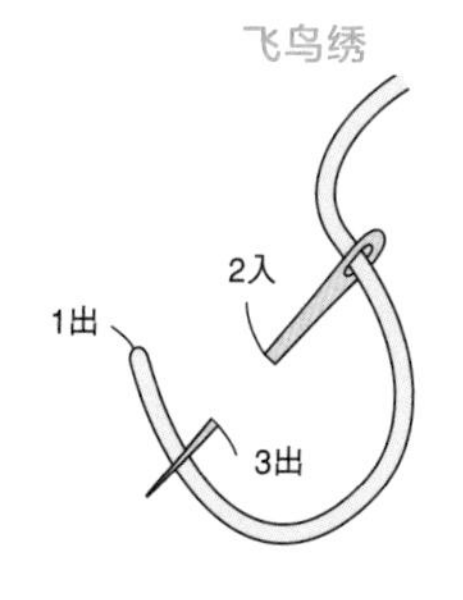

2入
1出
3出
4入

缎绣

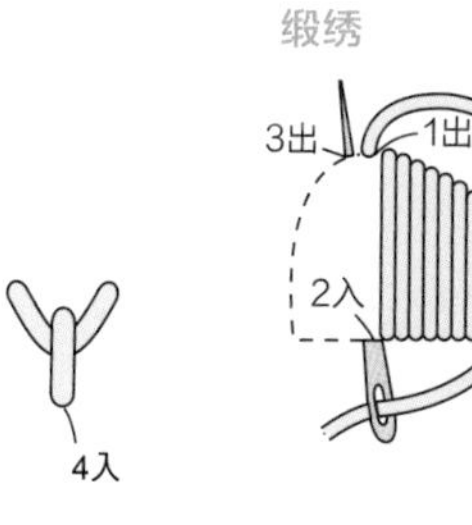

3出
1出
2入

日文原版图书工作人员

图书设计　后藤美奈子
摄影　山下恒德（作品）　本间伸彦（步骤）
造型　绘内友美
作品设计　池上舞　大町真纪　冈鞠子　河合真弓　小松崎伸子　松本薰
钩织方法解说　木村一代　中村洋子　村木美佐子
步骤解说　佐佐木初枝
步骤协助　河合真弓
钩织方法校对　增子美智留
策划、编辑　E&G 创意（薮明子　内田瑞耶）

※为了便于理解，基础教程和重点教程的图文步骤详解中使用了不同粗细和颜色的线。
※因为印刷的关系，线的颜色可能与所标色号存在一定差异。

著作权合同登记号：图字：01-2022-1678

图书在版编目（CIP）数据

用刺绣线钩编可爱的珍稀动物 / 日本E&G创意编著；叶宇丰译. -- 北京：中国纺织出版社有限公司，2022.6
ISBN 978-7-5180-9308-3

Ⅰ. ①用…　Ⅱ. ①日…　②叶…　Ⅲ. ①钩针—编织—图集　Ⅳ. ① TS935.521-64

中国版本图书馆 CIP 数据核字（2022）第 005190 号

责任编辑：刘　茸　　责任校对：楼旭红　　责任印制：王艳丽

中国纺织出版社有限公司出版发行
地址：北京市朝阳区百子湾东里 A407 号楼　邮政编码：100124
销售电话：010—67004422　传真：010—87155801
http://www.c-textilep.com
中国纺织出版社天猫旗舰店
官方微博 http://weibo.com/2119887771
北京华联印刷有限公司印刷　各地新华书店经销
2022 年 6 月第 1 版第 1 次印刷
开本：889 × 1194　1/16　印张：4
字数：94 千字　定价：49.80 元

凡购本书，如有缺页、倒页、脱页，由本社图书营销中心调换